FORSCHUNGSBERICHTE DES LANDES NORDRHEIN-WESTFALEN

Nr. 2184

Herausgegeben im Auftrage des Ministerpräsidenten Heinz Kühn
und des Ministers für Wissenschaft und Forschung Johannes Rau
von Leo Brandt

Prof. Dr. Dieter Richter

*Geologisch-Paläontologisches Institut der Universität Frankfurt
Laboratorium für Technische Gesteinskunde und Ingenieurgeologie
der Staatlichen Ingenieurschule für Bauwesen in Aachen
im Auftrage der Forschungsstelle für regionale und angewandte Geologie
des Geologischen Instituts der Rhein.-Westf. Techn. Hochschule Aachen*

Ballen und Kissen

(ball-and-pillow structure), eine weitverbreitete,
bisher wenig bekannte Sedimentstruktur

SPRINGER FACHMEDIEN WIESBADEN GMBH 1971

ISBN 978-3-663-20055-0   ISBN 978-3-663-20411-4 (eBook)
DOI 10.1007/978-3-663-20411-4
Verlags-Nr. 012184

© 1971 by Springer Fachmedien Wiesbaden

Ursprünglich erschienen bei Westdeutscher Verlag GmbH, Opladen 1971

Gesamtherstellung: Westdeutscher Verlag

Inhalt

A. Einleitung 5

B. Benennungen 5

C. Morphologische Beschreibung 6

    I. Vorkommen im Paläozoikum 6

        1. Die Ballen- und Kissenstrukturen im Devon der Nordeifel/Nordardennen   6

        α) Ober-Devon 6

            a) Montfort nördlich Walheim bei Aachen 6

            b) Evieux bei Aywaille (Belgien) 8

            c) Montfort bei Galtes (Belgien) 8

            d) Montfort bei Ronvreux (Belgien) 8

            e) Montfort bei Montfort (Belgien) 9

            f) Evieux bei Chanxhe (Belgien) 9

            g) Abschließende Bemerkungen 9

        β) Unter-Devon 9

        2. Die Ballen- und Kissenstrukturen im Unter-Devon von Luxemburg   10

            a) Ems bei Heiderscheidergrund 10

            b) Ems bei Tadler 10

            c) Oberes Siegen bei Goebelsmühle 10

        3. Die Ballen- und Kissenstrukturen im Unter-Devon des Siegerlandes ... 10

        4. Die Ballen- und Kissenstrukturen im Mittel-Devon des Sauerlandes   11

            a) Brandenberg-Schichten bei Nachrodt 11

            b) Untere Honseler Schichten bei Lüdenscheid 11

        5. Die Ballen- und Kissenstrukturen im Ober-Karbon des nördlichen Bergischen Landes 11

        6. Die Ballen- und Kissenstrukturen in den unter-devonischen Meadfoot Beds in Südost-Devonshire (England) 12

    II. Vorkommen im Mesozoikum 12

        1. Die Ballen- und Kissenstrukturen im Muschelsandstein des deutsch-luxemburgischen Grenzgebietes 12

            a) Muschelsandstein bei Ralingen 13

            b) Muschelsandstein bei Deisermühle 13

            c) Muschelsandstein bei Oberlimberg 14

        2. Die Ballen- und Kissenstrukturen im fränkischen Röt bei Gambach 14

3. Die Ballen- und Kissenstrukturen in der Moenkopi-Formation bei Flagstaff (USA) 14
4. Die Ballen- und Kissenstrukturen im Fox Hills Sandstone bei Denver (USA) 14

III. Vorkommen im Känozoikum 14
1. Die Ballen- und Kissenstrukturen im Flysch der Westpyrenäen am Cabo Higuer (Nordspanien) 15

IV. Vorkommen in rezenten Ablagerungen 15

D. Gemeinsame Merkmale der Ballen- und Kissenstrukturen 15

E. Korngrößen und Korngrößenverteilung in den Ballen- und Kissenstrukturen und Korngrößen in ihrem Nebengestein 16

F. Feinschichtung 17

G. Diskussion und Deutung 17
1. Deutung als subaquatische Rutschung 18
2. Deutung als convolute bedding (schichtinterne Verfältelung) 18
3. Deutung als load casting (Belastungssackung) 18
4. Schlußfolgerungen 19

H. Zusammenfassung 20

I. Literaturverzeichnis 21

K. Anhang 23

A. Einleitung

In den letzten Jahren hat sich der Verfasser intensiv mit den Sedimentstrukturen der klastischen paläozoischen Schichtenfolgen des europäischen Variszikums beschäftigt. Bei diesem Studium stößt man in vielen Schichten auf ein eigentümliches Phänomen, das trotz seines relativ häufigen Auftretens nur wenig Beachtung gefunden hat, obwohl es auch im Meso- und Känozoikum weit verbreitet ist. Im deutschen Schrifttum wurde diese Sedimentstruktur bisher irrtümlich als subaquatische Rutschfaltung oder als schichtinterne Verfältelung (convolute bedding) angesehen. Nach den Untersuchungen des Verfassers handelt es sich jedoch um eine Bildung, die mit keiner der beiden Sedimentstrukturen verwandt, sondern als eigenständig zu betrachten ist. Daher soll sie an einigen Beispielen aus verschiedenalten und -artigen Schichten dargelegt und hinsichtlich ihrer Entstehungsweise und -ursache näher untersucht werden.

B. Benennungen

SHMITH (1916, S. 147) bezeichnet aus Sandstein bestehende ballen- oder kissenförmige Körper, die in Tonschiefern auftreten und durch »internal readjustments ... mainly under gravitation« gebildet worden seien, erstmals als »*ball- or pillow-form structures*«. Neben dieser hervorragenden, rein beschreibenden Benennung findet man im internationalen Schrifttum folgende z. T. irreführende oder falsche Bezeichnungen für die gleiche Erscheinung:

storm rollers	(CHADWICK, 1931)
rolled-up sand balls	(HADDING, 1931)
flow folds	(COOPER, 1943)
nodules juxtaposés	(ASSELBERGHS, 1946)
glissement sous-aquatique	(GULINCK, 1948)
pseudo-nodules	(MACAR, 1948)
intrastratal flowage phenomens	(RICH, 1950)
flow rolls	(PEPPER u. a., 1954)
load casts	(VAN STRAATEN, 1954)
flow casts	(KAYE und POWER, 1954)
slump balls	DESTOMBES und JEANNETTE, 1955)
roll-up structures	(KSIAZKIEWICZ, 1958)
prolapsed bedding	(WOOD und SMITH, 1959)
Ballenstruktur	(PETTIJOHN und POTTER, 1964)

Eine ähnlich große Verwirrung herrscht leider auch in der deutschen geologischen Literatur. Solche Bezeichnungen, die eine falsche oder unsichere Deutung beinhalten bzw. nicht nur für die in Rede stehende Sedimentstruktur, sondern auch für ähnliche, jedoch nicht wesensgleiche Phänomene gebraucht wurden, sind:

Wulstbildungen	(WULFF, 1923)
Wicklungsstrukturen	(KRAUS, 1935)

Rutschungswülste	(KRAUS, 1935)
Sedimentrollen	(KLINGNER, 1939)
Endostratische Sedifluktion	(R. RICHTER, 1952)
Wickelstrukturen	(KNETSCH, 1960)
Wulststrukturen	(D. RICHTER, 1962)
convolute bedding z. T.	(EINSELE, 1963)

Da so viele Synonyme den Vergleich verschiedener Formen der gleichen Erscheinung erschweren, hält es der Verfasser für vernünftig und wünschenswert, dem von SMITH erstmals angewandten Begriff »ball-and-pillow structure« den Vorzug zu geben, da er nur im morphologischen Sinn benutzt wurde. Es ist jedoch auf die Dauer keine befriedigende Lösung, diese englische Bezeichnung unmittelbar in die deutsche geologische Literatur zu übernehmen. In dem viersprachigen »Glossary of primary sedimentary structures« von PETTIJOHN und POTTER (1964, S. 17) ist die deutsche Fassung für ball-and-pillow structure »*Ballenstruktur*«, während sich auf den Tafeln (100 B bis 104 B, 105 B) die Bezeichnung »*Kissenstruktur*« findet. Somit läßt sich mit der Berufung auf dieses Verzeichnis noch keine einheitliche Benennung erreichen. Der Verfasser möchte daher vorschlagen, den SMITHschen Terminus in vollständiger Übersetzung als »*Ballen- und Kissenstruktur*« wiederzugeben.

Gegen die Verwendung von »Kissen (pillow)«-Struktur[1] für ein sedimentologisches Phänomen läßt sich in der Kombination mit »Ballen (ball)« kein berechtigter Einwand erheben, da in der vorliegenden Form eine Verwechslung mit Pillow (Kissen)-Laven ausgeschlossen ist.

C. Morphologische Beschreibung

Im folgenden sollen die Ballen- und Kissenstrukturen von Aufschlüssen in verschiedenartigen und -alten Schichtenfolgen beschrieben werden, um ihre gemeinsamen Merkmale zu erfassen.

I. Vorkommen im Paläozoikum

1. Die Ballen- und Kissenstrukturen im Devon der Nordeifel/Nordardennen

α) Ober-Devon

a) Montfort nördlich Walheim bei Aachen

An der *Straße Walheim–Nütheim* ist südlich des Iterbach-Tales ein großer Steinbruch in den *Montfort-Schichten* (mittlere Abteilung des ober-devonischen Condroz-Sandsteines) gelegen. Von hier aus sind in Richtung Walheim an der östlichen Straßenböschung in der nahezu flachliegenden Schichtenfolge mehrfach Ballen- und Kissenstrukturen erschlossen. In einer auffallenden ca. 40 cm dicken Bank aus Feinsandstein treten eng aneinandergepackte elliptische Gebilde auf. Das untere Drittel der Bank ist frei von

---

[1] Selbst wenn der Ausdruck bisher nur auf die bekannten vulkanischen Strukturen bezogen worden ist, besteht nach Ansicht des Verfassers kein Grund, ihn nicht auch für die vorliegenden Erscheinungen zu benutzen, zumal gewisse Ähnlichkeiten zu Kissenlaven bestehen.

diesen Strukturen, sie nehmen das mittlere Drittel ein, reichen aber verschieden tief herunter (vgl. Abb. 1*). Der obere Teil der Bank zeigt wieder normale Schichtung.
Die einzelnen Gebilde haben annähernd brotlaibförmige Gestalt, sind 30–50 cm lang und jeweils etwa halb so breit. Ihre Höhe oder Dicke ist geringer als ihre Breite, sie sind unregelmäßig geformt. Die Unterseite ist konvex (vgl. Abb. 2 und 3).
Freigelegte Gebilde zeigen im allgemeinen eine mehr oder minder abgerundete Gestalt, die an ein Rundbrot erinnert. Daneben treten aber auch Strukturen auf, deren äußere Gestalt oval bis länglich ist. Gelegentlich erreicht die Gesamtlänge 2–3 m, so daß sich zigarren-, spindel- oder sogar wulstförmige Körper ergeben. Die Richtungen ihrer Längsachsen pendeln meistens etwa um N/S, hin und wieder zeigen sie auch völlige Regellosigkeit.
Eine nähere Untersuchung der Gebilde zeigt, daß sie aus gröberem Korn bestehen als das über- und unterlagernde Material der Wirtsbank. Sie besitzen eine deutliche Schichtung, die der äußeren Kontur der konvexen Unterseite etwa parallel verläuft und im Kern gelegentlich verknäuelt ist. An der Oberseite schließt sich die Schichtung nicht, sondern stößt unter wechselnden Winkeln gegen die mehr oder minder flach liegende Schichtung des Hangendteiles der Wirtsbank ab. Die Laminierung in den Ballen und Kissen kommt durch dickere Lagen von Sand im Feinsandbereich und dünne, dunkle Tonhäutchen zustande (vgl. Abb. 2).
Von besonderer Bedeutung ist der Befund, daß einige der Kissen auf ihren verformten Schichtflächen eine deutliche *Strömungsstreifung* (D. RICHTER, 1971) oder parting lineation (CROWELL, 1955; POTTER und PETTIJOHN, 1963) aufweisen, die durch den Deformationsvorgang aufgerollt worden ist. Es handelt sich um parallele Furchen und Kämme im Millimeterbereich (vgl. Abb. 4), deren Entstehung auf eine Strömung zurückgeht. Dieses Phänomen beweist im Zusammenhang mit den anderen hier aufgeführten Beobachtungen, *daß die vorliegenden Ballen- und Kissenstrukturen eine sekundäre Aufwicklung bzw. Aufrollung ehemals horizontal abgelagerter Feinschichten darstellen.*
Von größter Wichtigkeit ist das Verhalten des die Strukturen umgebenden Materials. Man erkennt deutlich, daß dieses zwischen den Ballen- bzw. Kissenstrukturen keulen- oder sanduhrförmige Massen bildet und teilweise diapirartig oder brodelbodenähnlich aufgedrungen ist. Diese Aufstiegsbewegung hat verschiedentlich zu Verwirbelungen geführt, wobei die Zone der Verwirbelung meistens über die Oberseite der Ballen oder Kissen hinaufreicht (vgl. Abb. 5). Zum Hangenden ist ein kontinuierlicher Übergang von der Verwirbelungszone zur ungestörten Schichtung des obersten Teiles der Wirtsbank festzustellen. Auch der unterste Teil der Bank zeigt ruhige Schichtung, die allmählich nach oben in die Aufstiegszonen übergeht.
Folgt man der Straße nach Süden, so erkennt man, daß nicht nur die hier beschriebene Bank, sondern auch andere Bänke solche Ballen- und Kissenstrukturen aufweisen, die jeweils über die gesamte Aufschlußlänge verbreitet sind, so daß es sich nicht um ein lokales Phänomen, sondern um eine Erscheinung handelt, die sich über einen größeren Bereich erstreckt.

Die Korngrößenverteilung einer Reihe von Schichten mit Ballen- und Kissenstrukturen wurde an Dünnschliffen bestimmt (vgl. S. 16f.). In allen untersuchten Proben enthält die Grundmasse der Wirtsbänke stets weniger als 25% feinen Sand (Korndurchmesser 0,1–0,06 mm)[2], der Siltanteil erreicht dagegen 45% und mehr. Die Gesteine können daher als sandige Siltsteine bezeichnet werden. Die Ballen- und Kissenstrukturen selbst zeigen einen erheblich höheren Anteil an

---

* Die Abbildungen stehen im Anhang ab S. 23.
[2] Die Korngrößeneinteilung erfolgte nach der Wentworth-Skala: Sand = 2 mm — 62,5 μ; Silt = 62,5 μ — 4 μ; Ton < 4 μ.

mittelkörnigem Sand, der bis auf 55% ansteigt, und einen Siltanteil von mehr als 40%, d. h. kaum eine Tonbeimengung, während in der Grundmasse der Wirtsbänke der Tonanteil unter Verminderung des Sandanteiles bis zu 40% zunehmen kann.

b) Evieux bei Aywaille (Belgien)

Bei *Aywaille im Amblève-Tal (Belgien)* liegen nördlich der Brücke über die Amblève einige aufgelassene Steinbrüche im *Evieux-Sandstein* (obere Abteilung des Condroz-Sandsteines). In der mit ca. 30° nach N fallenden Schichtenfolge treten mehrfach mächtige Bänke mit Ballen- und Kissenstrukturen auf. In der in Abb. 6 gezeigten Bank haben diese Sedimentkörper eine deutliche walzenförmige Erstreckung, während sie im Profil eine angenäherte Schüsselform besitzen. Ihre Breite im Profilschnitt schwankt zwischen 50 und 80 cm, gelegentlich überschreitet sie auch 1 m. Ihre Höhe erreicht 40–50 cm. Die Länge läßt sich mangels geeigneter Aufschlüsse nicht feststellen. Die Ballen und Kissen bestehen aus karbonatischen zähen Sandsiltsteinen, die kaum eine Feinschichtung zeigen. Sie liegen in einer Bank, die aus sandstreifigem Siltstein besteht, der im tiefsten Teil der Bank ungestört liegt und nach oben allmählich in Aufwirbelungs- bzw. Aufstiegszonen übergeht, die sich zwischen die einzelnen »Walzen« einschalten.
Die Wirtsbank wird im Hangenden von einer sandigen Siltsteinschicht mit ebener, nahezu glatter Unterseite überlagert. Diese Schichtfläche schneidet nicht nur die Ballen und Kissen nach oben zu ab, sondern kappt auch die Aufwirbelungszonen. Die Hangendschicht zeigt an ihrer Basis gradierte Schichtung sowie darüber Rippel- und Flasergefüge, so daß ihre Sedimentation wahrscheinlich auf einen Strömungsvorgang zurückgeht. *Diese Strömung dürfte vor Ablagerung des mitgeführten Materials den oberen Teil der ballen- und kissentragenden Bank flächenhaft erodiert haben.*

c) Montfort bei Galtes (Belgien)

Etwa 1,5 km östlich der letzten Lokalität wird *im W von Galtes der Montfort-Sandstein* (mittlere Abteilung des Condroz-Sandsteines) in großen Brüchen auf der nördlichen Talseite der Amblève gewonnen. Hier läßt sich im östlichen Teil die in Abb. 7 dargestellte Bank beobachten. Sie führt unter anderem zwei voneinander ganz verschiedene Ballen und Kissen. Rechts erkennt man eine im Profil nierenförmige Struktur, deren Feinschichtung fast völlig in sich geschlossen ist (vgl. Abb. 7a). Die linke Struktur stellt ein »embryonales« Kissen dar, in dem die Feinschichtung nur wenig aufgebogen wurde (vgl. Abb. 7b).
Beide Körper bestehen aus zähem Sandsiltstein, der sich deutlich von der tonig-siltigen Grundmasse der Wirtsbank abhebt. Sie dürften ursprünglich einer sandigen Lage innerhalb der Bank angehört haben, die sich in einzelne Bruchstücke zerlegte, deren Aufrollungsgrad in verschiedenen Stadien fixiert wurde (vgl. S. 20).

d) Montfort bei Ronvreux (Belgien)

Im aufgelassenen großen *Steinbruch bei Ronvreux westlich von Aywaille* tritt eine ca. 30 bis 35 cm dicke Bank im *Montfort-Sandstein* auf, die aus feinplattigem, tonigen Siltstein besteht. Im oberen Teil des mittleren Drittels dieser Bank erscheinen Ballen- und Kissenstrukturen, die z. T. als Zwillingskörper ausgebildet sind (vgl. Abb. 8). Diese Doppelkissen sind jeweils durch eine schmale Brücke verbunden, die von dem aufsteigenden pelitischen Material der Bank nicht zerrissen wurde. Alle Ballen bzw. Kissen bestehen aus siltigem Feinsand mit einem hohen Anteil an Muskowit, der in der Feinschichtung gehäuft vorkommt (vgl. S. 17). Die einzelnen Körper lassen sich z. T. aus der Bank herauslösen und zeigen dann eine unregelmäßige Brotlaib- bis Spindelgestalt.

e) Montfort bei Montfort (Belgien)

Im großen *Steinbruch im Montfort-Sandstein bei Montfort* nördlich Poulseur im Ourthe-Tal (Belgien) treten ballen- und kissentragende Bänke mehrfach auf. In einer Bank »schwimmen« verschiedengroße Einzelkörper unregelmäßig verteilt. Die obersten Strukturen werden glatt von der hangenden Schicht abgeschnitten (vgl. Abb. 9), so daß auch hier ein submariner Abtragungsvorgang eingetreten sein muß (vgl. S. 8).

f) Evieux bei Chanxhe (Belgien)

Etwa 2 km südöstlich der letzten Lokalität führt ein *Fahrweg vom Ort Chanxhe östlich der Ourthe nach N* in den aufgelassenen Steinbruch von Richopre.
An der östlichen Böschung ist zunächst das *Strunium* erschlossen, dann erscheint das höchste *Evieux*. Beide Serien bestehen aus karbonatischen Schiefern, Kalken, sandigen Tonschiefern und glimmerreichen, sandig-siltigen Kalkareniten. Letztere bilden in der mittelsteil nach SE fallenden Schichtenfolge mehrmals Lagen mit Ballen- und Kissenstrukturen von Dezimetergröße, die in dem Mergelschiefer »schwimmen« (vgl. Abb. 10, 11, 12 und 13). In einer dieser Lagen sind die Körper perlschnurartig aneinandergereiht und zeigen alle Übergänge von nahezu Kugelgestalt mit fast konzentrisch angeordneter Feinschichtung (vgl. Abb. 11) bis zu kissen- und brotlaibähnlichen Formen, in denen die Laminierung nur seitlich auf- und umgestülpt wurde (vgl. Abb. 12).

g) Abschließende Bemerkungen

Die wenigen hier aufgeführten Beispiele zeigen, daß der Condroz-Sandstein des Famenne am Nordrand der Eifel bzw. der Ardennen, insbesondere aber Evieux und Montfort sehr häufig Ballen- und Kissenstrukturen aufweisen. Schon WULFF (1923, S. 23/24 sowie Abb. 12 und 13) hat derartige Wulstbildungen als »submarine Rutschungen« in den Montfort-Schichten bei der Königsmühle nahe Stolberg beschrieben. Von MACAR (1948) werden diese Strukturen als »pseudo-nodules« von Aufschlüssen in der gleichen Schichtfolge auch westlich des Ourthe-Tales angeführt und abgebildet. MACAR beschreibt ihre internen Strukturen und ihre verschiedenartigen Formen, die sich z. T. noch im embryonalen Zustand befinden und in einer kaum zerlegten Bank zusammenhängen. In der Arbeit von VAN STRAATEN (1954, S. 34/35) ist ebenfalls eine kissenförmige Struktur aus dem Montfort-Sandstein unter der Bezeichnung »load cast« abgebildet.

β) Unter-Devon

In der Literatur findet sich bisher kein Hinweis, daß im Unter-Devon der Nordeifel bzw. der Nordardennen Ballen- und Kissenstrukturen vorkommen. Sie sind jedoch auch hier weit verbreitet, und zwar besonders in den Siegener Schichten (D. RICHTER, 1969, S. 15f.).
Als Beispiel sei die *östliche Seite der Staumauer der Gileppe-Talsperre westlich Eupen* genannt, wo steilstehende Schichten des *Unteren Siegens* (Fazies von Bois d'Ausse nach ASSELBERGHS, 1954) die Talverengung verursachen. Zwischen den harten Grauwacken treten dickere Pakete von siltig-sandigem Tonschiefer auf, dem mehrfach rundbrotförmige Einzelkörper lagenweise eingeschaltet sind. Sie bestehen aus Sandsiltstein mit Flaserschichtung und haben eine Breite von 20 bis 40 cm. Ihre Unterseite ist immer konvex, die Oberseite konkav (vgl. Abb. 14). Im Schnitt zeigt die Feinschichtung einen kanuförmigen Verlauf, die Schichten sind am Rand nach oben auf- und umgebogen und stoßen gegen die Oberseite des Körpers ab.

2. Die Ballen- und Kissenstrukturen im Unter-Devon von Luxemburg

Wir verdanken MACAR und ANTUN (1950) eine hervorragende Beschreibung der »pseudo-nodules« aus dem Ems des Oeslings in Luxemburg.
Einige Beispiele seien hier aufgeführt.

a) Ems bei Heiderscheidergrund

Besonders reichlich treten die besagten Strukturen in den *Schichten des Unteren Ems bei Heiderscheidergrund* auf. So ist eine mittelsteil nach SE einfallende ca. 1,5 m dicke gebänderte Sandsiltstein-Bank völlig in Einzelkörper aufgelöst (vgl. Abb. 15). Diese werden verschiedentlich recht groß und schwanken in ihrer Breite zwischen 20 cm und 2,5 m. Sie zeigen im allgemeinen eine walzenförmige Längserstreckung. Man könnte daher vermuten, daß die Strukturen durch einen Gleitvorgang wie z. B. submarine Rutschung erzeugt worden sind (MACAR und ANTUN). Dagegen spricht aber der Befund, daß die »Walzen« in der Bank alle möglichen »Achsen«-Richtungen einnehmen (vgl. Abb. 16).
In einer anderen Bank sind die einzelnen Ballen- und Kissenstrukturen im Gegensatz zu den bisher beschriebenen Beispielen eng gepackt und werden nur von einem millimeter- bis zentimeterdicken Tonschiefer-Zwischenmittel voneinander getrennt. Dieses pelitische Material stammt aus dem unterlagernden Tonschiefer der Wirtsbank.

b) Ems bei Tadler

An der *Straße Goebelsmühle–Esch* erscheint bei *Kilometer 26,5 nordwestlich von Tadler* eine Schichtenfolge des *Unteren Ems* aus feinglimmerhaltigen Sandsiltsteinen in Wechsellagerung mit z. T. gebändertem Schiefer. Die Sandsiltsteine führen Ballen- und Kissenstrukturen, wie sie die Abb. 17, 18, 19 und 20 zeigen. Auf der Oberfläche der Körper erkennt man gelegentlich strömungskolkmarken-ähnliche Gebilde, die vermutlich auf Auskolkungen durch eine Strömung vor Absatz des später aufgewickelten sandig-siltigen Materials zurückgehen.
Weitere Aufschlüsse im *Unteren Ems* mit derartigen Sedimentstrukturen findet man ca. *2 km südlich Buderscheid an der Straße Esch s. Sure–Buderscheid*, an der *Abzweigung nach Mecher–Dunrath von der Straße Liefrange–Kaundorf*, an der *Straße Kautenbach–Wiltz 100 m vor der Brücke in Kautenbach*, nahe der *Brücke über die Sure bei Burscheid sowie bei Michelau. 2 km nördlich Erpeldange* treten Ballen- und Kissenstrukturen im *Oberen Ems* auf.

c) Oberes Siegen bei Goebelsmühle

An der *nördlichen Straßenböschung östlich von Goebelsmühle* ist eine steil südfallende Wechselfolge von Sandsteinen und Tonschiefern des *Oberen Siegens* auf längere Erstreckung erschlossen. Einzelne der bis 80 cm mächtigen Sandsiltsteine zeigen z. T. größere Ballen- und Kissenstrukturen (vgl. Abb. 21). Ähnliche Formen treten auch im oberen Siegen bei Walsdorf nördlich Bastendorf auf.

3. Die Ballen- und Kissenstrukturen im Unter-Devon des Siegerlandes

Auch in den unter-devonischen Schichten des Siegerlandes ist das in Rede stehende Phänomen anzutreffen. So findet man *in Altenhundem an der Straße nach Bilstein oberhalb des Baches* steilstehende sandig-siltige Tonschiefer des *Ems*. Eine ursprüngliche Sandsiltstein-Lage ist in Kissen zerlegt, deren Breite ca. 30–40 cm und Höhe 10–15 cm beträgt (vgl. Abb. 22).
Kleinere Ballen- und Kissenstrukturen sind auch in den Siegener Schichten bei Niederschelden zu finden. An der Straße von *Honnef nach Eitorf treten in Höhe der Stadt Blankenberg an der südlichen Talseite* solche Bildungen ebenfalls mehrfach auf.

4. Die Ballen- und Kissenstrukturen im Mittel-Devon des Sauerlandes

Besonders häufig trifft man Ballen- und Kissenstrukturen im Sauerland an.

a) Brandenberg-Schichten bei Nachrodt

Im Lenne-Tal tritt an der *Straße Altena–Lethmathe südlich Nachrodt an der westlichen Talseite* in den *Brandenberg-Schichten* eine ca. 3 m mächtige Bank mit Ballenstrukturen auf. Die besagte Bank besteht aus tonigem Siltstein, während die Ballen aus glimmerreichem, quarzitischen Feinsandstein aufgebaut sind. Letztere schwanken in ihrer Größe von Dezimeter- bis Metergröße (vgl. Abb. 23). Es handelt sich um walzenförmige Gebilde, deren Achsen alle Richtungen einnehmen und somit keine bevorzugte Regelung zeigen. Die vorliegenden Sedimentkörper lassen sich in der besagten Wirtsbank, soweit man diese an der Straßenböschung verfolgen kann, überall feststellen, so daß hier mit ihrer weiten Verbreitung gerechnet werden muß.

b) Untere Honseler Schichten bei Lüdenscheid

Im aufgelassenen großen *Steinbruch am Nordausgang von Lüdenscheid, an der westlichen Seite der Straße nach Altena*, ist eine ca. 40 cm dicke glimmerhaltige Sandsiltstein-Bank in den *Unteren Honseler Schichten* in eng nebeneinanderliegende Ballen zerlegt. Letztere sind von walzenförmiger Gestalt und zeigen sehr unterschiedliche Querschnitte. Neben solchen mit »normalen« Brotlaibformen treten Körper auf, deren Unterseite konkav eingestülpt ist. Sackförmige Gebilde sind nicht selten (vgl. Abb. 24).
Bemerkenswert ist der hohe Glimmergehalt auf den Schichtflächen der Strukturen. Zwischen den einzelnen Körpern, deren Längsachsen sehr verschiedene Richtungen einnehmen, ist sandig-siltiger Schiefer diapirartig aufgedrungen, welcher der unterlagernden Schicht entstammt. Die Oberfläche der Ballen ist gekappt, so daß hier wieder ein Fall von *flächenhafter submariner Erosion* vorliegt. Ungleichmäßige Setzung während der Diagenese, bei der das pelitische Material zwischen den Sandballen stärker zusammensackte als letztere, führte zur Bildung einer welligen Oberfläche der Wirtsschicht.

5. Die Ballen- und Kissenstrukturen im Ober-Karbon des nördlichen Bergischen Landes

Die hier behandelten Sedimentstrukturen sind im Bergischen Land relativ selten. Bisher konnte der Verfasser sie nur an zwei Stellen im Ober-Karbon nachweisen.
An der *westlichen Böschung der Durchgangsstraße in Langenberg sind etwas südlich der Brücke über den Deilbach* Grauwacken und Schiefertone des *flözleeren Ober-Karbons* erschlossen. Eine ca. 20 cm dicke glimmerreiche Grauwacke ist in Ballen aufgelöst, die eine spindelförmige Längserstreckung und einen ovalen bis halbmuschelförmigen Querschnitt besitzen (vgl. Abb. 25 und 26).
Das unterlagernde Material besteht aus plattigem Grauwackenschiefer, der zwischen den einzelnen Strukturen aufgedrungen ist. Über der Ballen- bzw. Kissenlage folgt eine Grauwackenbank, deren Sohlfläche unregelmäßig gestaltet ist. Diese wird über den Aufstiegszonen des tonigen Materials deutlich mächtiger, während sie über den Ballen dagegen an Dicke abnimmt. Auch hier hat wieder submarine Erosion gewirkt, die das pelitische Material leichter entfernen konnte als das sandigere der Ballen.
Ballen- und Kissenstrukturen sind auch in den *Wittener Schichten* an der *Straßenkurve der B 226 südlich Heven, nordwestlich Witten*, erschlossen (vgl. Abb. 27 und 28).

6. Die Ballen- und Kissenstrukturen in den unter-devonischen Meadfoot Beds in Südost-Devonshire (England)

Zwischen der Meadfoot Bay und Hope's Nose bei Torquay in SE-Devonshire sind die *unter-devonischen Meadfoot Beds*, die chronologisch etwa Oberes Siegen bis Ems vertreten, an der Steilküste hervorragend erschlossen. Die besagte Schichtenfolge repräsentiert eine typische Flachwasser-Fazies (D. RICHTER, 1967) und besteht aus einer Serie von Tonschiefern, Siltsteinen, Sandsteinen und Sandsiltsteinen (vgl. Abb. 29). In einer bestimmten Abteilung dieser Schichten *zwischen Thatcher House und der nächsten kleinen Bucht nach W* tritt eine Sandsiltstein-Bank auf, die vollständig in Ballen und Kissen aufgelöst ist (vgl. Abb. 30). Diese werden von Tonschiefern unter- und überlagert. Die einzelnen Körper zeigen sehr verschiedenartige Formen. Neben walzenförmigen Gebilden mit deutlicher Längserstreckung und kanuartiger Verbiegung der Schichtung im Querschnitt treten zusammenhängende Doppel- und Dreifachstrukturen auf, die im Profil an eine flache Brille erinnern (vgl. Abb. 31). Weiterhin kommen auch brotlaibähnliche Formen mit konvexer Unter- und konkaver Oberseite vor. Mehrere Strukturen zeigen eine abgeplattete Kugelgestalt, in der die Schichtung nahezu vollständig geschlossen ist (vgl. Abb. 32).

Nahe der Meadfoot Bay fand der Verfasser in Tonschiefern einer höheren Abteilung der Meadfoot Beds eine isolierte Sandsteinkugel von 40 cm Durchmesser, die makroskopisch keine Andeutung von Feinschichtung enthält.

Der innere Aufbau der dem in Rede stehenden Horizont zugehörigen Ballen- und Kissenstrukturen zeigt folgende Übereinstimmung. Ihr Kern besteht aus nahezu ungeschichtetem Sandsiltstein, in dem nur selten die Andeutung einer Laminierung erkennbar wird (vgl. Abb. 33a und 33b). Diese ist dann stärker verbogen und gewellt. Um den Kern legt sich ein Mantel von feingeschichtetem und daher dünnplattigem siltigen Sandstein, dessen einzelne Lagen von dünnen Tonhäutchen getrennt werden. Die Dicke dieses Mantels beträgt etwa ein Viertel der Gesamtdicke der Gebilde.
Zwischen den Strukturen ist das unterlagernde Tonschiefermaterial diapirartig aufgedrungen, wobei es verschiedentlich zu Verwirbelungen gekommen ist. Hin und wieder hat das aufgestiegene Material über die Oberseite der einzelnen Körper hinweggegriffen. Einige brotlaibförmige Kissen sind etwas gekippt und haben seitliche Bewegungen ausgeführt (vgl. Abb. 33a). Gelegentlich findet man Strukturen, die vollständig durch den liegenden Tonschiefer gesunken sind und der Sandsteinbank aufruhen, welche den Tonschiefer unterlagert.

II. Vorkommen im Mesozoikum

1. Die Ballen- und Kissenstrukturen im Muschelsandstein des deutsch-luxemburgischen Grenzgebietes

Der Verfasser hat in einer früheren Arbeit »synsedimentäre Deformationserscheinungen« im Muschelsandstein[3] der Luxemburger Trias beschrieben (D. RICHTER, 1962). Die wesentlichsten Beobachtungen sollen hier kurz angeführt werden.

---

[3] Der Muschelsandstein bildet als Litoralbildung die westlichen Randfazies des Wellenkalkes, die in Lothringen, Luxemburg und im deutsch-luxemburgischen Grenzgebiet verbreitet ist.

a) Muschelsandstein bei Ralingen

An der *Autostraße von Godendorf nach Ralingen ist am westlichen (deutschen) Hang des Sauer-Tales der Muschelsandstein* in ca. 15 m Mächtigkeit erschlossen. Hier treten zwei ca. 3 m starke Bänke auf, die vollständig in Ballen- und Kissenstrukturen aufgelöst sind. Es lassen sich verschiedenartige Formen beobachten (vgl. Abb. 34). Neben brotlaibartigen Gebilden treten kugel- und walzenförmige Körper auf. Weiterhin finden sich aber auch kleinere Gebilde, die schon nach wenigen Dezimetern spindelförmig ausspitzen und vereinzelt auch solche, die ellipsoidische Gestalt haben. Die größeren Strukturen sind im allgemeinen einfach gebaut. Sie bestehen aus dünneren feingeschichteten Lagen, die einen schüssel- bis halbmondförmigen Querschnitt zeigen (vgl. Abb. 35). Bei den kleineren, insbesondere den kugelförmigen und ellipsoidischen Gebilden sind im Schnitt die feingeschichteten Lagen wie Zwiebelschalen ineinandergeschachtelt, wobei im Gegensatz zur ruhigeren Verbiegung der äußeren Schale die Kernschichten stärker verknäuelt und gefältelt wurden (vgl. Abb. 36). An verschiedenen Stellen treten auf den verbogenen Schichtflächen der Strukturen Grab- und Wühlgefüge (vgl. Abb. 37) sowie Steinkerne und Abdrücke von *Myophoria vulgaris* SCHLOTH, *M. laevigata* VALB. und *Gervilleia socialis* SCHLOTH gehäuft auf. Weiterhin kommen schlecht erhaltene Rippelmarken vor, die ebenfalls bei der Verbiegung und Faltung mit aufgerollt wurden. Muscheln und Rippelmarken beweisen, *daß hier – wie auch an anderer Stelle (vgl. S. 7) – ehemals flachlagernde Schichten zerbrachen und verformt wurden.*

Die Ballen- und Kissenstrukturen bestehen zu etwa 75% aus Quarz, dessen Körner schlecht gerundet bzw. sogar eckig sind, zu 23% aus Muskowit und zu 25% aus Ton (vgl. Abb. 38). Die ungestörten Schichten setzen sich dagegen aus ca. 38% Quarz, 18% Muskowit und 44% Tonmineralien zusammen. Ein Kalkgehalt ließ sich weder in den Strukturen noch in den ungestörten Schichten feststellen.

Das Korngrößenmaximum des Quarzes in den Strukturen schwankt zwischen 10 und 230 μ, so daß es sich bei ihnen um Sandsiltstein handelt (vgl. Abb. 39a). Die Grundmasse der darüber- und darunterliegenden Schichten zeigt für das Quarzkorn eine Verteilungskurve, die zwischen 5 und 90 μ liegt, so daß sie aus wesentlich feinkörnigerem Material, d. h. feinsandigem Siltstein, bestehen (vgl. Abb. 39b). Der Glimmer ist sowohl in den Strukturen als auch in den ungestörten Schichten zu einzelnen Lagen angereichert und bildet dort Blättchen, die wesentlich größer sind als die im Sand eingeschlossenen Partikel, deren Korngröße etwa derjenigen der Quarzkörner entspricht. Es bestehen also in der durchschnittlichen Korngröße insofern recht erhebliche Unterschiede, *als das Material der Ballen- und Kissenstrukturen viel gröber ist als das der ungestörten Schichten.* Ferner ist auch der Glimmergehalt in den besagten Strukturen wesentlich höher, so daß man in diesen erheblich mehr glimmerreiche Lagen antrifft. Der Reichtum an grobem Glimmer dürfte daher vermutlich u. a. mit zur Erhöhung der Verformbarkeit beigetragen haben.

b) Muschelsandstein bei Deisermühle

Bei *Deisermühle an der westlichen Seite der Mosel zwischen Grevenmacher und Machtum* ist der *Muschelsandstein* als eine etwa 20 m hohe Wand gut erschlossen. In vier Stollen, die früher zur Gewinnung des Sandsteines dienten, bildet die Sohlfläche einer Schicht mit Ballen- und Kissenstrukturen die Firste, so daß die seitliche Erstreckung der einzelnen Gebilde gut erkennbar ist. Hier handelt es sich überwiegend um Wülste von meist zigarren- oder spindelförmiger Gestalt, die eine Länge von 5 bis 10 m haben (vgl. Abb. 40). Die Wulstachsen zeigen zwei Richtungen (vgl. Abb. 41), deren Maxima bei

N 55° E und N 130° E liegen. Weiterhin treten faust- bis kopfgroße, meist unregelmäßig geformte Kugelstrukturen auf.

c) Muschelsandstein bei Oberlimberg

F. E. KLINGNER (1939, S. 311 ff.) beschreibt aus dem *Steinbruch westlich Oberlimberg* (Bl. Saarlautern) im *Muschelsandstein* eine Sedimentrolle[4], die aus dünngeschichtetem, sehr glimmerreichen Siltsandstein bestand. Ihr Durchmesser betrug 50 cm und mehr.

2. Die Ballen- und Kissenstrukturen im fränkischen Röt bei Gambach

G. KNETSCH (1960, S. 375 ff.) fand im *Röt von Gambach zwischen Karlstadt und Gemünden in Unterfranken* brotlaibförmige »Knollen« von 3 bis 10 cm Länge und etwa 2,5–5 m Breite. Sie bestehen aus »gröberem Korn als ihre Umgebung« und können »nicht durch subaquatische Rutschung« (S. 376) entstanden sein. Es handelt sich indessen auch nicht um »convolute structures« (S. 377), sondern um Ballen- und Kissenstrukturen.

3. Die Ballen- und Kissenstrukturen in der Moenkopi-Formation bei Flagstaff (USA)

Auf seiner letzten Nordamerika-Reise konnte der Verfasser an mehreren Stellen in sehr verschiedenalten Formationen die in Rede stehenden Strukturen feststellen. Ein gutes Beispiel bietet die unter-triassische *Moenkopi-Formation*, die zwischen dem Grand Canyon und Winslow (östlich Flagstaff in Arizona) gut erschlossen ist. Diese kontinentale Serie besteht aus roten und braunen Sandsteinen, Siltsteinen und gipsführenden Schiefertonen. An der *Straße Winslow–Flagstaff ist ca. 20 Meilen östlich Winslow an der nördlichen Böschung* die in Abb. 42 gezeigte Struktur von kanuartigem Querschnitt zu beobachten, die aus rotem Siltstein besteht, der mit dünnen Gipsbändern wechsellagert. Das Liegende bildet ein gipshaltiger Schieferton, der vor allem an der rechten Seite der Struktur diapirartig aufgedrungen ist. Zum Hangenden klingt die Aufstiegsbewegung ab, so daß in Höhe der 25-Cents-Münze horizontale Schichtung fast unbeeinflußt über die Sedimentstruktur hinweggreift.

4. Die Ballen- und Kissenstrukturen im Fox Hills Sandstone bei Denver (USA)

Gut entwickelte Ballen- und Kissenstrukturen treten auch im ober-kretazischen *Fox Hills Sandstone* auf, der westlich Denver am Fuß der Rocky Mountains mehrfach aufgeschlossen ist (D. RICHTER, 1970). Diese Schichtenfolge besteht aus tonigen Siltsteinen, denen Lagen und Bänke von Sandsiltsteinen bis 50 cm Dicke eingeschaltet sind. Eine derartige Bank von 30 cm Mächtigkeit ist an der *Straße Morrison–Denver bei Meile 8* in größere Kissen zerlegt, die eine ovale scheibenförmige Gestalt besitzen (vgl. Abb. 43). Die in Abb. 44 dargestellte Struktur hat eine Länge von ca. 1,30 m und eine Breite von etwa 1 m. Im Profil sind die Feinschichten kanuartig aufgebogen.

III. Vorkommen im Känozoikum

Auch in Ablagerungen der jüngeren Erdgeschichte sind die hier behandelten Sedimentstrukturen nicht selten. Derartige Gebilde werden von EMERY (1950) aus Kalifornien (»contorted strata«) und von KAYE und POWER (1954) in *quartären Delta-Sedimenten am*

---

[4] Heute nicht mehr aufgeschlossen.

Lake Roosevelt im Staat Washington als »flow casts«[5] beschrieben. M. GULINCK (1948) fand Ballen- und Kissenstrukturen (»glissements sous-aquatiques«) im marinen bis lagunären *Landènien* (höheres Paleozän) *bei Linsmeau südlich Tirlemont in Belgien*. Im folgenden sollen solche Strukturen auch aus einer tertiären Flyschzone aufgeführt werden.

1. Die Ballen- und Kissenstrukturen im Flysch der Westpyrenäen am Cabo Higuer (Nordspanien)

Am *Cabo Higuer nördlich Fuenterabbia an der Kantabrischen Küste* ist die eozäne *Kalksandstein-Serie*[6], die aus karbonatischen Sandsteinen, kalkigen Feinsandsteinen und Siltsteinen besteht, in großer Mächtigkeit erschlossen (D. RICHTER, 1965, S. 182f.). In dieser Serie sind mehrfach einige Meter dicke Bänke mit Ballen- und Kissenstrukturen eingeschaltet, deren Verformungszustand sehr verschieden ist (vgl. Abb. 45). So kommen im unteren Teil einer Bank tropfenförmige Sandsteinkörper von 20 bis 50 cm Größe vor. Im mittleren Teil treten langgestreckte Kissen von 0,5 bis 1,5 m Profilbreite auf, die einen brotlaibförmigen Querschnitt zeigen. Im oberen Teil der Bank sind kugelartige, fast runde Gebilde mit einem Durchmesser von 30 bis 40 cm eingelagert.

Alle hier vorkommenden Strukturen sind aus Feinsand mit ca. 20–25% Siltanteil zusammengesetzt, während das umgebende Material aus tonigem Siltstein besteht. Im Schnitt zeigen die Körper eine Wechsellagerung von zentimeterdicken Bändern aus Sand mit solchen aus Silt, die wie Zwiebelschalen ineinander geschachtelt sind. Zwischen den Strukturen ist der tonige Silt aufgedrungen und hat sich nach oben keulen- oder tulpenartig verbreitet.

IV. Vorkommen in rezenten Ablagerungen

MACAR (1951) beschreibt »pseudo-nodules« in *rezenten Ablagerungen der niederländischen Zuiderzee* aus dem 17. Jahrhundert. Sie sind an Sand gebunden, der über Ton liegt und verschiedentlich in diesen eingesunken ist. Eine laterale Bewegung schließt MACAR aus.

D. Gemeinsame Merkmale der Ballen- und Kissenstrukturen

Vergleicht man die hier aufgeführten Beispiele, so stellt sich eine Reihe von Gemeinsamkeiten heraus.

1. Ein hervorragendes Merkmal aller Ballen- und Kissenstrukturen ist, *daß sie grundsätzlich auf eine Bank beschränkt bleiben, während in den unmittelbar unter- und überlagernden Schichten derartige Verformungen nicht vorkommen*. Oft können in einer Schichtfolge mehrfach Bänke mit den in Rede stehenden Strukturen eingeschaltet sein.

2. *Die Ballen- und Kissenstrukturen bilden rundlich-längliche Körper, die im Schnitt überwiegend hemisphärisch, seltener kugelförmig sind. Ihre Größe ist verschieden und reicht von Zentimeter- bis*

---

[5] Eine Sandlage »foundered into the mud, breaking up into isolated units or cells in so doing, and squeezing of the mud, which is now displaced, as complicated intrusions along breaks and weak places in the foundering sand layer«.

[6] Sie wurde früher als »*Maciño*« bezeichnet (GOMEZ DE LLARENA, 1954).

Meter-Erstreckung. Die Wirtsbank schwankt daher in ihrer Mächtigkeit von einem Dezimeter und weniger bis zu mehreren Metern.

Die Ballen- und Kissenstrukturen liegen oft perlschnurartig nebeneinander oder treten mehrfach übereinander in der Wirtsbank auf. Die einzelnen Körper können sich berühren oder völlig isoliert voneinander in einer Grundmasse von tonigem bis tonig-siltigem bzw. -feinsandigem Material »schwimmen«. *Zwischen den Körpern entstanden pelitische tulpen- oder sanduhrförmige Aufstiegs- oder Aufwirbelungszonen, die dem tonigen Material des tieferen Teiles der Wirtsbank entstammen. Nach oben zu zeigen diese Zonen meist einen allmählichen Übergang in die horizontale Feinschichtung im Hangenden der Strukturen. Verschiedentlich wurden die Wirtsbänke bis auf die Oberseite der Strukturen erodiert*[7] (vgl. S. 8, 9 und 11).

3. *Die einzelne Ballen- oder Kissenstruktur ist meist laminiert*[8], *d. h., sie zeigt eine deutliche, wenn auch deformierte Schichtung, die im allgemeinen der Außenbegrenzung parallel verläuft.* Verschiedentlich kann die Schichtung im Innern der Körper stärker verknäuelt sein. Hin und wieder scheint der Kern gewisser Strukturen auf den ersten Blick ungeschichtet zu sein, eine nähere Untersuchung zeigt jedoch in nahezu allen Fällen eine feine Laminierung, die z. T. erst im Dünnschliff sichtbar wird. Daß der Kern in vielen Fällen weniger gut geschichtet oder sogar nahezu massig ausgebildet ist, spricht für eine rasche Sedimentation des oberen Teiles der später zu Ballen- und Kissenstrukturen umgewandelten Psammitlagen.

E. Korngrößen und Korngrößenverteilung in den Ballen- und Kissenstrukturen und Korngrößen in ihrem Nebengestein

Wie bereits im Gelände zu erkennen ist, bestehen alle hier aufgeführten Ballen- und Kissenstrukturen grundsätzlich aus gröberem Material als das der umgebenden Wirtsbank. Eine Reihe von Proben aus den Ballen- und Kissenstrukturen sowie aus ihrem Nebengestein wurde auf ihre Korngrößen näher untersucht. Da eine direkte Bestimmung mit Hilfe eines Sieb- oder Schlämmverfahrens wegen der starken Verfestigung des Materials nicht in Frage kam, mußten Querschnittmessungen der Körner anhand von Dünnschliffen im Streifenzählverfahren mit Hilfe eines Okularmikrometers und eines Kreuztisches durchgeführt werden. Dabei wurde der Feldspatanteil, der im allgemeinen nur wenige Prozent der Gesamtprobe erreicht, dem Quarzanteil zugerechnet. Die überwiegend lagenweise angereicherten Glimmer, deren Plättchen meist den 2- bis 5fachen maximalen Korndurchmesser der Feldspäte und Quarze erreichen, blieben unberücksichtigt. Trägt man die so gewonnenen Korndurchmesser in einem Diagramm auf, das als Abszisse die Korngröße in Millimeter und als Ordinate die Menge in Prozent der Gesamtzahl angibt, so zeigt sich, daß fast alle Strukturen Korngrößen-Verteilungskurven zeigen, die der Gaußschen Fehlerverteilungsfunktion entsprechen. Es wurde darauf verzichtet, etwa nach dem Sehnenschnitt-Verfahren von MÜNZNER und SCHNEIDERHÖHN (1953) der wahren Korngrößenverteilung näherzukommen, da die Körner im allgemeinen sehr unregelmäßig ausgebildet sind (vgl. S. 13). Lediglich die mittlere Korngröße wurde nach KRUMBEIN (1955) auf rechnerischem Wege ermittelt.

---

[7] The folded zone is sharply truncated by flat-lying bed at the top ...« (COOPER, 1943, S. 198.)

[8] »It should be emphasized at this point that the alternation of shaly and sandy rocks appears to be an essential condition for the development of pseudo-nodules.« (SELLEY, SHERMAN, SUTTON und WATSON, 1963, S. 237.)

In allen untersuchten Fällen bestehen die Ballen- und Kissenstrukturen aus Mittel- bis Feinsand (0,5–0,0063,5 mm) oder aus einem Gemisch von Mittel/Feinsand und Silt (0,5–0,0004 mm), d. h., es handelt sich um Sandsteine oder Sandsiltsteine. Das die Strukturen unterlagernde bzw. umgebende Material führt nur in wenigen Fällen einen Feinsandanteil, es besteht vorwiegend aus Silt mit einem hohen Anteil an Ton bzw. aus siltigem Ton oder Ton.

Gelegentlich enthalten die besagten Strukturen und ihr Nebengestein einen *Karbonatgehalt*. In den ober-devonischen Proben tritt meist ein erheblicher Kalkgehalt auf. Hierbei handelt es sich vorwiegend um primäre Kalzitpartikelchen. Bei Chanxhe (vgl. S. 9) bestehen die Ballen- und Kissenstrukturen sogar aus sandigen *Kalkareniten*.

Die Ballen- und Kissenstrukturen sind also nicht nur auf sandig-siltiges Material ohne oder mit nur geringem Karbonatgehalt beschränkt, sondern kommen ebenfalls in Sandkalken und Kalkareniten vor[9]. Diese kalkigen Strukturen bilden jedoch insofern keine Ausnahme, als ihr Material ebenfalls gröber ist als das der Wirtsbank.

F. Feinschichtung

Bei der Bildung der Feinschichtung innerhalb der Ballen- und Kissenstrukturen spielen Tonschieferlagen und Minerale der Glimmergruppe eine große Rolle. So führt der Wechsel zwischen tonarmen und tonreichen Lagen bei gleichbleibender Korngröße der Quarz-(und Feldspat-)Komponenten zu einer deutlichen Laminierung, die gelegentlich auch flaserig entwickelt sein kann. Sehr häufig tritt Feinschichtung dadurch auf, daß glimmerreiche und glimmerarme Lagen abwechseln. Neben der durch die Glimmerkonzentration bedingten Feinschichtung haben auch Schwermineral-Lagen Bedeutung.

Bisher konnte keine Relation zwischen der Intensität der Feinschichtung und der Stärke der Deformation festgestellt werden. Andererseits zeigen glimmerreiche Ballen- und Kissenstrukturen oft eine sehr starke Aufrollung und Verknäuelung. Man könnte daher vielleicht annehmen, daß ein hoher Glimmergehalt bei der Deformation verstärkend gewirkt hat (vgl. S. 13).

Vor der Verformung der besagten Strukturen dürften ihre Sand-Ton- oder Sand-Silt-Wechsellagen wegen der nur geringen Wasserdurchlässigkeit eine gleichmäßige und »normale« Entwässerung der darunterliegenden Pelitschicht verhindert haben (vgl. S. 9).

G. Diskussion und Deutung

Aus den im Vorhergehenden beschriebenen Strukturtypen und ihrer Lithologie lassen sich bereits einige Folgerungen ziehen:

1. *Ballen- und Kissenstrukturen sind an Korngrößen gebunden, die deutlich gröber sind als die des umgebenden und unterlagernden Materials der Wirtsbank.*
2. *Ballen- und Kissenstrukturen gehen aus ursprünglich durchlaufenden Lagen aus Sand, siltigem Feinsand oder sandigem Silt hervor, die über feinkörnigen Schichten von überwiegend pelitischem*

---

[9] Derartige Bildungen beschrieben auch POTTER und PETTIJOHN (1963) aus dem *klastischen Kalk der Cincinnatian-Serie* (Ordovizium) *1,5 Meilen südwestlich von Decatur in der Brown County in Ohio* und aus der *Cynthiana Group* (Ordovizium) in der *Pendelton County in Kentucky*.

Material liegen, das von Ton über Mergel, siltigem Ton bis tonigem Silt reicht. Bei der Sedimentation der Lagen, die später zu den hier behandelten Strukturen umgewandelt wurden, herrschte ein Ablagerungsmechanismus, der vorwiegend parallele Feinschichtung erzeugte. Gradierungen und echte Schrägschichtung wurden nicht beobachtet, *jedoch sprechen Flaserschichten* (vgl. S. 9) *und Strömungsstreifung (parting lineation,* vgl. S. 7) *für teilweise stärkere Strömungen während der Sedimentation.* Dieser Befund wird durch die erosive Kappung verschiedener Ballen- und Kissenstrukturen erhärtet (vgl. S. 8, 9 und 11). Allgemein wird es sich jedoch um schwache Strömungen gehandelt haben, da für den Transport der vorliegenden Psammite größere Geschwindigkeiten als 0,4–10 cm/sec (nach Hjulström in Kuenen, 1950, S. 259) nicht nötig waren.

3. *Auf die normale Ablagerung folgte eine synsedimentäre Verformung der Lagen in einen einmaligen, rasch ablaufenden Deformationsprozeß.* Dabei muß sich das unterlagernde pelitische Material in einem breiig-flüssigen Zustand befunden haben, so daß es zwischen den Schollen der zerbrochenen hangenden Psammitlage als Suspension rasch aufsteigen konnte. Synchron dazu kam es, ausgelöst durch den zunehmenden Massenverlust im Liegenden der Psammitkörper, zu deren mehr oder minder tiefen Absinken. Sie besaßen – vielleicht auch nur durch eine sperrige Anordnung der meist sehr eckigen Mineralkörner – bereits eine so starke Kohäsion, daß die einzelnen Schollen sich nicht auflösten, sondern, durch die Reibung des aufsteigenden pelitischen Materials verursacht, nur mehr oder minder plastisch verformt wurden.

Die vorstehenden genannten Folgerungen erlauben, auf die bisherigen Deutungen dieses Phänomens einzugehen und eine Reihe von Erklärungsursachen auszuschließen.

1. Deutung als subaquatische Rutschung

Die von Cooper, Gulinck, Hadding, Klingner, Kraus, Pepper u. a., Rich sowie von Macar und Antun vertretene Ansicht, es handele sich um subaquatische Rutschungen, muß aus folgenden Gründen aufgegeben werden: Subaquatische Gleitvorgänge führen immer zu einer Vergenz, die hier jedoch an keiner Stelle vorhanden ist. Auch eine Schleppung der pelitischen Unterlage durch gerutschte Massen oder deren Bewegungsspuren (Gleitmarken) können nicht beobachtet werden. Es treten nicht einmal Kleinfalten oder Fältelungen auf, die für subaquatische Gleitungen so typisch sind (Radomski, 1958; Plessmann, 1961). Vor allem fehlen Massengewinne am einen Ende und -verluste am anderen Ende des Schichtenverbandes.

2. Deutung als convolute bedding (schichtinterne Verfältelung)

Wenn auch Anklänge an convolute bedding (Einsele, 1963) bestehen, so ist doch die Morphologie der hier vorliegenden Strukturen von jenem Phänomen sehr verschieden. Bei convolute bedding handelt es sich um eine schichtinterne Verfältelung mit flachen Mulden und spitzen Sätteln, die jeweils eine ganze Bank und nicht nur eine Lage erfaßt hat. Ein Abreißen der betroffenen Feinschichten tritt nur selten auf. Weiterhin ist bei convolute bedding das für Ballen- und Kissenstrukturen typische Absinken der betroffenen Psammitschollen nicht zu beobachten. Die von Einsele (1963, Tafel 10, Abb. 3 und 4) abgebildeten Strukturen aus dem Esneux bei Walheim stellen daher auch kein convolute bedding, sondern typische Ballen- und Kissenstrukturen dar.

3. Deutung als load casting (Belastungssackung)

Die Ballen- und Kissenstrukturen zeigen weiter gewisse Anklänge an load casting, so z. B. die Sackung des psammitischen Materials in die unterlagernde pelitische Schicht.

Daher ist es auch nicht verwunderlich, daß einige Autoren wie EMERY (1950) und VAN STRAATEN (1954) die vorliegende schichtinterne Verformung durch load casting erklären, d. h. durch vertikale Ausgleichsbewegungen, die durch ungleichmäßige Belastung einer spezifisch leichteren durch eine darüberlagernde spezifisch schwerere Lage hervorgerufen werden. Im Gegensatz zu typischen load casts, die sich an der Grenze zwischen einer Psammitlage über pelitischem Material ausbilden und im Zusammenhang mit dieser Lage verbleiben, handelt es sich hier jedoch um die Verformung einer ganzen Psammitschicht.

Somit besteht zwischen Ballen- und Kissenstrukturen und load casting nur eine so unsichere Beziehung, daß es zwingend notwendig ist, die vorliegenden Bildungen als eigene Sedimentstrukturen anzusehen.

4. Schlußfolgerungen

Wenn die Ballen- und Kissenstrukturen mit convolute bedding und load casting nicht verwandt sind, so muß der zu ihrer Bildung führende Verformungsprozeß unter Sonderbedingungen eingetreten sein. KUENEN (1958, S. 17) reproduzierte derartige Strukturen im Labor. Eine Sandlage über thixotropem Lehm zerteilte sich auf einen mechanischen Schlag und sackte in den Lehm ein. Dabei entstanden kleindimensionierte Formen, die Ballen- und Kissenstrukturen ähneln (vgl. Abb. 46). Aus diesem Grund nehmen KUENEN (1958, S. 20) sowie POTTER und PETTIJOHN (1963, S. 152) als auslösendes Moment für die Bildung der besagten Strukturen Erdbeben an, die zu abrupten thixotropen Prozessen geführt hätten. KUENEN bezeichnet daher eine Schicht mit »pseudo-nodules« sogar als »quake sheet«. Nun sind Erdbeben in Geosynklinalbereichen vermutlich sehr häufig, jedoch lassen sich einige Grundzüge der Ballen- und Kissenstrukturen durch diese Annahme nicht befriedigend erklären. Wie oben dargelegt, treten sie nämlich auch in Flachseebereichen außerhalb geosynklinaler Räume und – wie es das Beispiel der Moenkopi-Formation zeigt – in kontinentalen Becken auf, in denen mit derartigen Beben wohl kaum zu rechnen ist. Im marinen Bereich wäre übrigens nach stärkeren Beben eine schlagartige Zufuhr relativ grobklastischen Materials durch Suspensionsströme zu erwarten, das sich in Form von gradiert geschichteten Turbiditen über den Bänken mit Ballen- und Kissenstrukturen abgesetzt haben müßte. Eine derartige Schichtenkombination ließ sich jedoch nur an einer Stelle beobachten (vgl. S. 8).

Der zur Bildung von Ballen- und Kissenstrukturen führende Deformationsprozeß muß daher anders erklärt werden. Er konnte nämlich nur unter Spezialbedingungen eintreten, und zwar dann, wenn die pelitische Schicht unter einer gröberdetritischen Lage durch irgendeinen Anlaß plötzlich ihre an sich schon geringe Scherfestigkeit weitgehend verlor. Würde es sich hierbei hauptsächlich um ein Thixotropieverhalten im Sinne KUENENS (1958) handeln, wäre für den Verlust der Scherfestigkeit eine dynamische Beanspruchung wie z. B. Erdbeben erforderlich. Auch wenn bereits geringe Tongehalte Thixotropie hervorrufen können (ACKERMANN, 1951), so ist doch eine plötzliche Kornumlagerung des locker gepackten pelitischen Materials unter der Psammitlage als Ursache für den Verlust der Scherfestigkeit plausibler. Der Pelit dürfte nämlich einen wesentlich höheren Wassergehalt besessen haben als für die Fließgrenze nach Atterberg nötig ist. Solch hohe Wassergehalte können durchaus in frischen Ablagerungen auf dem Meeresboden vorhanden sein (EMERY und TERRY, 1956). Das Korngerüst derartiger, in der Entwässerung behinderter metastabiler Sedimente kann durch einen kleinen Anlaß, wie etwa durch eine geringe zusätzliche Belastung oder eine schwache Scherbeanspruchung, die aus der ungleichmäßigen Belastung infolge Schichtunregelmäßigkeiten bei unterschiedlicher Setzung des Pelits resultiert, wegen der nur geringen inneren Reibung plötzlich zusammenbrechen. Eine solche Belastung ergibt sich aus dem gegenüber der Wichte des Pelits wesentlich höheren spezifischen Gewicht des relativ dicht gepackten überlagernden Psammits, dessen Ablagerung wahrscheinlich sehr rasch erfolgte (vgl. S. 16). So stellt EMERY (1950) in pleistozänen »contorted strata« ein spezifisches Gewicht von 1,86 für den überlagernden Sand und von 1,60 für den unterlagernden tonigen Silt, d. h. ein um 15% höheres spezifisches Gewicht des Sandes fest. STEWART (1963) beschreibt ebenfalls große Gewichtsunterschiede zwischen den sehr schweren Ballen- und Kissenstrukturen, die sich aus eisenreichen Specularitbändern im Torridon-Sandstein gebildet haben, und dem unterlagernden Siltstein. *Infolge eines solchen durch Belastung bedingten Zusammenbruches des Korngerüstes ging die innere Reibung und vermutlich auch der überwiegende Anteil der Kohäsion des Pelits verloren und das Material wurde vorübergehend dünnflüssig* (vgl. Abb. 47).

Bei den sich anschließenden Ausgleichsbewegungen spielten Schwerkraft und Auftrieb die Hauptrolle. *Die plötzlich »schwimmende« Psammitlage »zerbrach« und zerteilte sich in Einzelstücke oder Schollen, die in den Sedimentbrei einsanken. Ihre Kohäsion und innere Reibung durch die relativ eckigen Sandkörner war so groß, daß sie bei der weiteren Bewegung nicht den Zusammenhalt verloren. Das unterlagernde leichtere Material konnte nur nach oben ausweichen. Daher stieg leicht beweglicher Schlammbrei zwischen den Schollen diapirartig auf, wobei ihre Flanken mehr oder minder aufgebogen bzw. umgestülpt wurden.* Die Absinkbeträge konnten je nach Mächtigkeit der dünnflüssigen Pelitschicht mehrere Meter erreichen. Bei größeren Sinkstrecken erfuhren einzelne Ballen bzw. Kissen gelegentlich infolge ungleich starker Auftriebskräfte an einer Seite ein Drehmoment, das im allgemeinen ihre leichte Kippung bewirkte. Die durch diese Kippung innerhalb der betroffenen Körper verursachte Massenverlagerung führte durch das Beharrungsvermögen hin und wieder zu einer zusätzlichen seitlichen Verlagerung, welche jedoch wegen der Reibung an dem sie umgebenden Schlammbrei kein größeres Ausmaß erreichte.

Der Zustand der leichten Verformbarkeit dauerte nur kurze Zeit an. Die Pelitpartikel lagerten sich durch die Fließbewegung sehr schnell zu einem stabileren Korngerüst um, das nicht mehr durch die noch zur Verfügung stehenden restlichen schwachen geopetalen Kräfte weiter verformt werden konnte, zumal die anhaltende Sedimentation die durch die Fließbewegung des Pelits hervorgerufenen Unregelmäßigkeiten der Schichtoberfläche rasch ausglich. Die Ballen- und Kissenstrukturen samt ihrer Wirtsbank wurden dann später nur noch durch die langsame Sedimentsetzung bei der Diagenese oder durch tektonische Deformation geringfügig überprägt.

H. Zusammenfassung

In vielen Schichtenfolgen, insbesondere in denen des Paläozoikums, wie z. B. im Ems Luxemburgs (»pseudo-nodules«), im Famenne des Belgisch-Aachener-Gebietes, im Mittel-Devon des Sauerlandes oder im Unter-Devon SW-Englands usw., treten eigenartige Sedimentationsphänomene auf, die gelegentlich eine kugel-, meist aber eine kissen-, nieren-, ballen- oder brotlaibförmige Gestalt mit konvexer Unterseite und ebener bis sogar konkaver Oberseite haben und sich durch mehr oder weniger starke seitliche Aufbiegung bzw. Aufrollung der Feinschichtung auszeichnen. Wenn auch eine gewisse Ähnlichkeit mit convolute bedding und load casting besteht, handelt es sich hierbei jedoch um eigenständige Formen, die auf komplizierte Schwerkraft- und Auftriebbewegungen zurückgehen. Derartige Deformationen im Sediment konnten immer dann eintreten, wenn sich eine Lage von spezifisch schwererem Material, so z. B. aus Sand-, Sandsilt- oder Kalkdetritus, über einer hydroplastischen Schlammschicht mit sehr hohem Wassergehalt absetzte. Durch Zusammenbruch des Korngerüstes dieser metastabilen Pelitschicht infolge zu großer oder auch ungleichmäßiger Belastung bei hoher Sedimentationsrate wurde der Pelit kurzzeitig zu einem dünnflüssigen Brei. Die Kohäsion der darauf schwimmenden detritischen Lage war infolge ihrer besonderen Mineralzusammensetzung erheblich größer, so daß sie nur in einzelne Schollen »zerbrach«. Diese sanken anschließend gravitativ nach unten, während der mobile Schlamm diapirartig aufstieg. Dabei wurden die absinkenden Schollen in der oben angegebenen Weise deformiert. Im weiteren Verlauf des Verformungsprozesses konnten auch seitliche Verlagerungen der Ballen bzw. Kissen eintreten.

I. Literaturverzeichnis

ACKERMANN, E., Einfluß geringer Tongehalte auf Eigenschaften feinklastischer Lockergesteine. Z. dt. geol. Ges., **103**, 382–386, Hannover 1951.

ASSELBERGHS, E., L'Éodevonien de l'Ardenne et des regions voisines. Mém. Inst. géol. Univ. Louvain, **14**, 598 Seiten, Louvain 1946.

ASSELBERGHS, E., L'Éodevonien de l'Ardenne. Prodrome d'une description de la Belgique. Soc. géol. Belg., 83–117, Liege 1954.

CHADWICK, G. H., Storm rollers. Bull. Geol. Soc. Am., **42**, 242, New York 1931.

COOPER, J. R., Flow structure in the Berea Sandstone and Bedford Shale of central Ohio. Journ. Geol., **51**, 190–203, Chicago 1943.

CROWELL, I. C., Directional-current structures from the prealpine flysch, Switzerland. Bull. Geol. Soc. Amer., **66**, 1351–1384, New York 1955.

DESTOMBES, J., und A. JEANNETTE, Étude petrographique et sedimentologique de la serie Acadienne de Casablanca presenses de glissements sous-marine (slumpings). Notes Serv., géol. Maroc, **11**, 75–98, Rabat 1955.

EINSELE, G., »Convolute bedding« und ähnliche Sedimentstrukturen im rheinischen Oberdevon und anderen Ablagerungen. N. Jb. Geol. Paläont. Abh., **116**, 112–198, Stuttgart 1963.

EMERY, K. O., Contorted Pleistocene strata at New Port Beach, California. Journ. Sed. Petrol., **20**, 111–115, Tulsa 1950.

EMERY, K. O., und R. D. TERRY, A submarine slope of southern California. J. Geol., **64**, 271 bis 280, Chicago 1956.

GOMEZ DE LLARENA, J., Observaciones geológicas en el Flysch cretácico-numulitico de Guipúzcoa I. Mon. Inst. Lucas Mallada, **13**, 98 Seiten, Madrid 1954.

GULINCK, M., Sur des phénomènes de glissements sous-aquatiques et quelques structures particulieres dans les sables landèniens. Bull. Soc. géol. Belg., **57**, 12–30, Brüssel 1948.

HADDING, A., On subaqueous slides. Geol. Förening, Stockholm Förhandling., **53**, 4, 377–393, Stockholm 1931.

KAYE, C. A., und W. R. POWER, A flow cast of very recent date from north-eastern Washington. Amer. Journ. Sci., **252**, 309/310, New Haven 1954.

KLINGNER, F.-E., Sedimentrollen (Unterwassergleitung) im Muschelsandstein bei Saarlautern. Senckenbergiana, **21**, 311–314, Frankfurt 1939.

KNETSCH, G., Über Wickelstrukturen aus dem fränkischen Röt. Abh. dt. Akad. Wiss. Berlin, Kl. III, 1 (Festschr. 70. Geburtst. E. Kraus), 375–377, Berlin 1960.

KRAUS, E., Über Sandsteinwülste. – Z. dt. geol. Ges., **87**, 354–360, Berlin 1935.

Krumbein, W. C., Thin section mechanical analysis of indurated sediments. Journ. Geol., **43**, 48–496, Chicago 1935.

Ksiazkiewicz, M., Submarine slumping in the Carpathian Flysch. Ann. Soc. géol. Pologne, **28**, 123–150, Warschau 1958.

Kuenen, Ph. H., Marine Geology. 568 Seiten, Wiley, New York 1950.

Kuenen, Ph. H., Experiments in geology. Transact Geol. Soc. Glasgow, **23**, 1–28, Glasgow 1958.

Macar, P., Les pseudo-nodules du Famennien et leur origine. Ann. Soc. géol. Belg., **72**, 47–74, Liege 1948.

Macar, P., Pseudo-nodules en terains meubles. Ann. Soc. géol. Belg., **75**, 111–115, Liege 1951.

Macar, P., und P. Antun, Pseudo-nodules et glissements sous-aquatique dans l'Emsien de L'Oesling (Grand Duché de Luxembourg). Ann. Soc. géol. Belg., **73**, 121–150, Liege 1950.

Münzer, H., und P. Schneiderhöhn, Das Sehenschnittverfahren. Heidelb. Beitr. Miner. Petrogr., **3**, 456–471, Heidelberg 1953.

Pepper, J. F., W. de Witt und D. F. Demarest, Geology of the Bedford Shale and Berea Sandstone in the Appalachian basin. U.S. Geol. Surv, Prof. Pap., **259**, 111 Seiten, Washington 1954.

Plessmann, W., Strömungsmarken in klastischen Sedimenten und ihre geologische Auswertung. Geol. Jb., **78**, 503–566, Hannover 1961.

Pettijohn, F. J., und P. E. Potter, Atlas and Glossary of primary sedimentary structures. 370 Seiten, Berlin–Göttingen–Heidelberg 1964.

Potter, P. E., und F. J. Pettijohn, Paleocurrents and basin analysis. 256 Seiten, Berlin–Göttingen–Heidelberg 1963.

Radomski, A., The sedimentological character of Podhale-Flysch. Acta geol. Polonica, **8**, 335–341 (engl. Zusammenfassung S. 395–400, Warschau 1958).

Rich, J. L., Flow markings, groovings, and intra-stratal crumplings as criteria for recognition of slope deposits, with illustrations from Silurian rocks of Wales. Bull. amer. Ass. Petrol. Geol., **34**, 717–741, Tulsa 1950.

Richter, D., Über synsedimentäre Deformationserscheinungen im Muschelsandstein des deutsch-luxemburgischen Grenzgebietes. Geol. Mitt., **2**, 161–176, Aachen 1962.

Richter, D., Sedimentstrukturen, Ablagerungsart und Transportrichtungen im Flysch der baskischen Pyrenäen. Geol. Mitt., **4**, 153–210, Aachen 1965.

Richter, D., Sedimentology and Facies of the Meadfoot Beds (Lower Devonian) in Southeast Devon, England. Geol. Rdsch., **56**, 543–561, Stuttgart 1967.

Richter, D., Aachen und Umgebung (Nordeifel und Nordardennen mit Vorland). Samml. Geol. Führer, **48**, 187 Seiten, Borntraeger, Berlin–Stuttgart 1969.

Richter, D., Die Front Range bei Denver als Beispiel einer Uplift-Bewegung in den südlichen Rocky Mountains. Der Aufschluß, **21**, 6, 201–210, Heidelberg 1970.

Richter, D., Sedimentstrukturen im Rheinischen Schiefergebirge und ihre geologische Auswertung. Forsch.-Ber. Land. Nordrhein-Westfalen, M. (im Druck).

Richter, R., Fluidal-Textur in Sediment-Gesteinen und über Sedifluktion überhaupt. Notizbl. hess. L.-Amt Bodenforsch. (VI), **3**, 67–81, Wiesbaden 1952.

Selley, R. C., D. J. Sherman, J. Sutton und J. Watson, Some underwater disturbances in the Torridonian of Skye and Raasay. Geol. Mag., **100**, 224–243, Hertford 1963.

Smith, B., Ball- or pillow-form structure in sandstone. Geol. Mag., **3**, 146–156, Hertford 1916.

Stewart, A. D., On certain slump structures in the Torridon Sandstones of Applecross. Geol. Mag., **100**, 205–218, Hertford 1963.

Straaten van, L. M. J. V., Sedimentology of recent tidal flat deposits and the Psammites du Condroz (Devonian). Geol. Mijnb., n. S. **16**, 25–47, s'Gravenhage 1954.

Wood, A., und A. J. Smith, The sedimentation and sedimentary history of the Aberystwyth Grits (Upper Llandoverian). Geol. Soc. London. Quart. J., **114** (1958), 163–195, London 1959.

Wulff, R., Das Famennien der Aachener Gegend. Jb. preuß. geol. Landes-A., **43** (1922), 1–70, Berlin 1923.

K. Anhang

Abb. 1 Horizont mit Ballen- und Kissenstrukturen im Montfort-Sandstein
an der Straße Walheim–Nütheim

Abb. 2 Die beiden rechten Strukturen der Abb. 1 im Ausschnitt
Man beachte die fast umlaufende Schichtung

Abb. 3 Nierenförmige Kissenstruktur im Montfort-Sandstein an der Straße Walheim–Nütheim

Abb. 4 Strömungsstreifung (parting lineation) auf den verbogenen Schichtunterseiten einer Kissenstruktur im Montfort-Sandstein an der Straße Walheim–Nütheim

Abb. 5 Sanduhrförmige Aufwirbelungszone aus feinsandig-tonigem Siltstein zwischen zwei Ballenstrukturen aus Sandsiltstein im Montfort-Sandstein an der Straße Walheim–Nütheim

Abb. 6 Steilstehende Wirtsbank mit Ballen- und Kissenstrukturen im Evieux-Sandstein bei Aywaille.
Die linke obere Ecke des Buches zeigt auf die hangende Erosionsfläche

Abb. 7 Zwei verschieden geformte Ballen- bzw. Kissenstrukturen im Montfort-Sandstein bei Galtes

Abb. 7a Die rechte nierenförmige Struktur der Abb. 7 im Ausschnitt

Abb. 7b Die linke »embryonale« Kissenstruktur der Abb. 7 im Ausschnitt

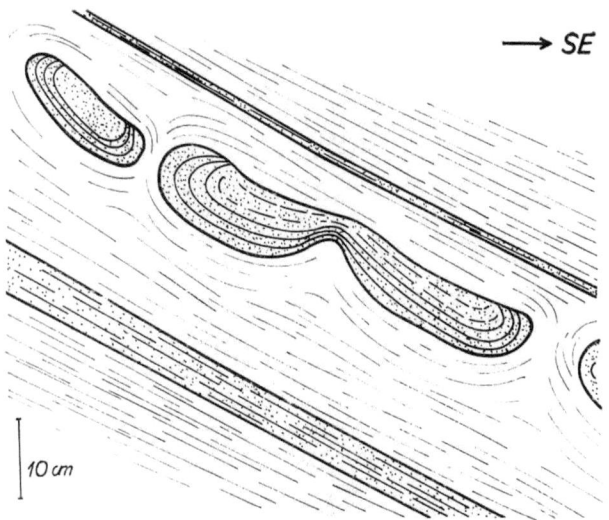

Abb. 8 Zwillingsstruktur im Montfort-Sandstein bei Ronvreux

Abb. 9 Erosiv gekappte ballen- und kissentragende Wirtsbank im Montfort-Sandstein bei Montfort

Abb. 10 Kalkarenitische Ballen- und Kissenstrukturen im Übergangsbereich Evieux/Strunium bei Chanxhe

Abb. 11 Mergelige Aufstiegszone zwischen zwei nahezu kugelförmigen Strukturen aus Kalkarenit der Wirtsbank in Abb. 10

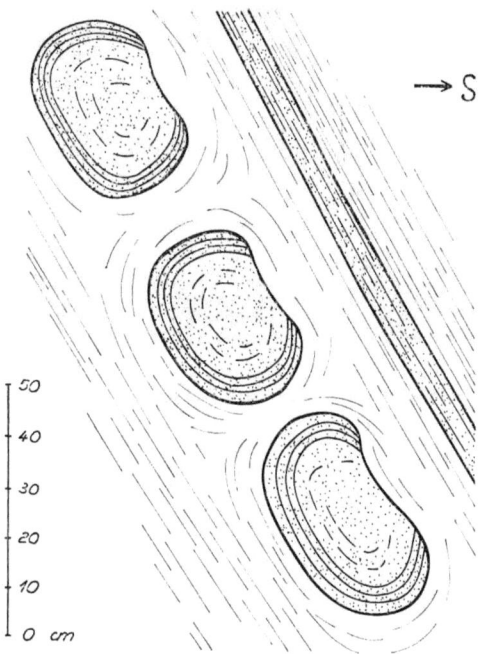

Abb. 12   Unterer Teil der Wirtsbank in Abb. 10 mit etwas weiter auseinanderliegenden Strukturen

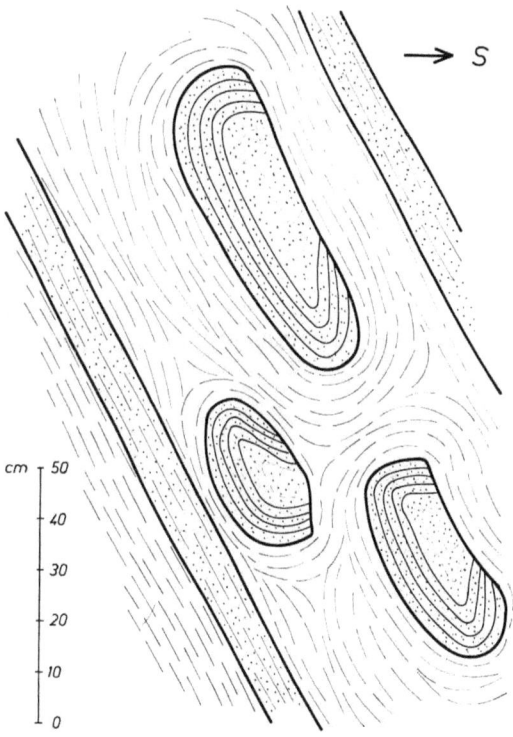

Abb. 13   Kalkarenitische Ballen- und Kissenstrukturen im Übergangsbereich Evieux/Strunium bei Chanxhe

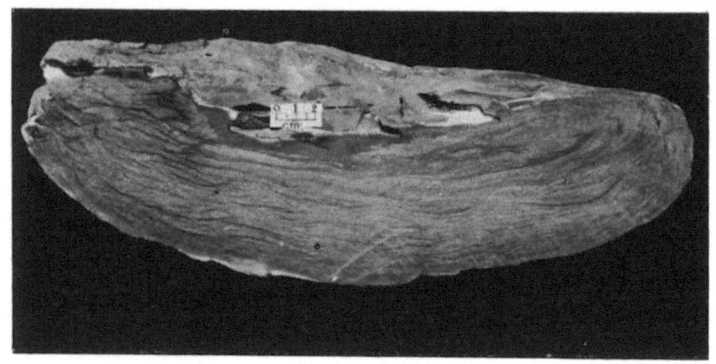

Abb. 14   Zerschnittene Kissenstruktur aus dem Unteren Siegen an der Gileppe-Talsperre

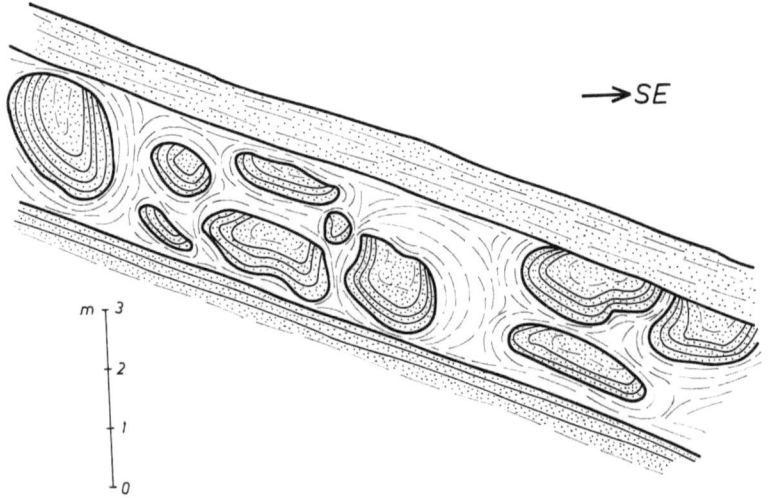

Abb. 15   Ballen- und Kissenstrukturen im Unteren Ems bei Heiderscheidergrund

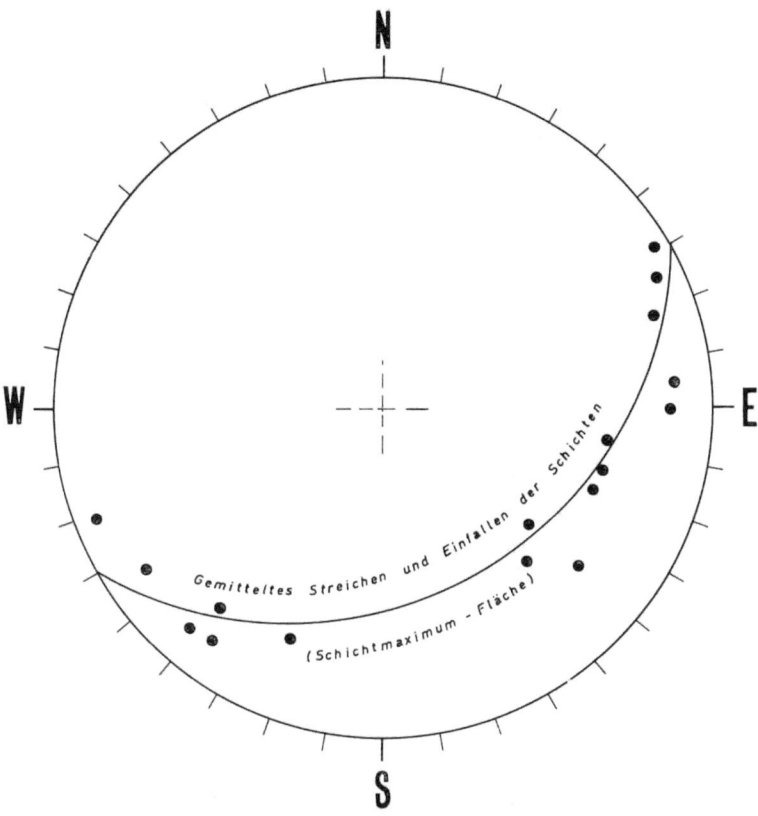

Abb. 16 »Achsen«-Diagramm für die »Walzen« des Aufschlusses bei Heiderscheidergrund

Abb. 17 Ballenstrukturen im Unteren Ems an der Straße Goebelsmühle–Esch

Abb. 18   Von Tonschiefer völlig umschlossene isolierte Struktur im Unteren Ems an der Straße Goebelsmühle–Esch

Abb. 19   Oberseite einer länglichen, angenähert spindelförmigen Struktur im Unteren Ems an der Straße Goebelsmühle–Esch

Abb. 20 Freigelegte unregelmäßig geformte Struktur
im Unteren Ems an der Straße Goebelsmühle–Esch

Abb. 21 Halbelliptische Struktur im Oberen Siegen bei der Goebelsmühle

Abb. 22   Kissenstruktur im Ems in Altenhundem

Abb. 23   Große Ballenstrukturen in den Brandenberg-Schichten bei Nachrodt

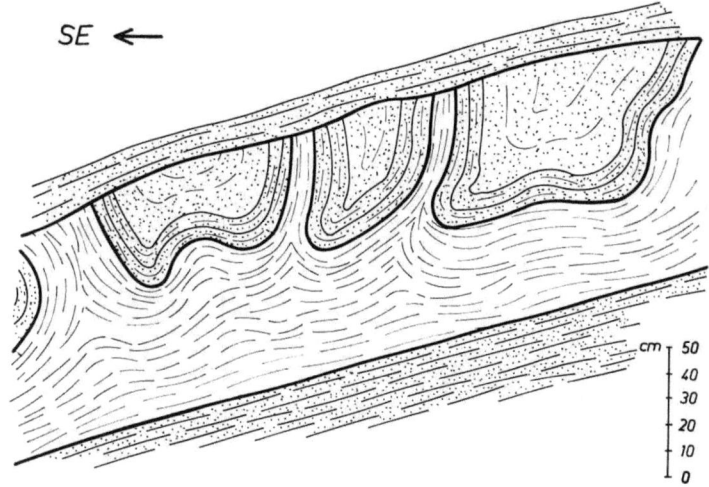

Abb. 24 Bank mit eng nebeneinanderliegenden Ballen- und Kissenstrukturen in den Unteren Honseler Schichten bei Lüdenscheid

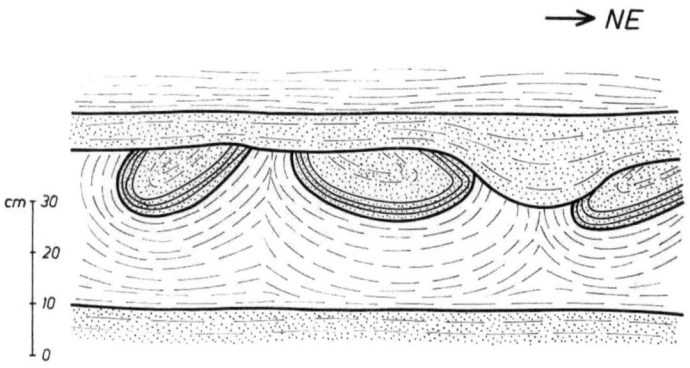

Abb. 25 Ballen- und Kissenstrukturen im flözleeren Ober-Karbon in Langenberg

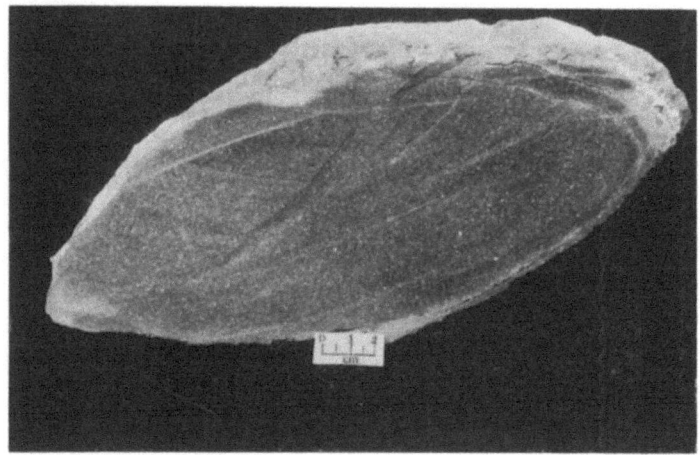

Abb. 26 Die zerschnittene linke Ballenstruktur aus Abb. 25
Der fast ungeschichtete Kern wird von einem fein geschichteten »Mantel« umgeben

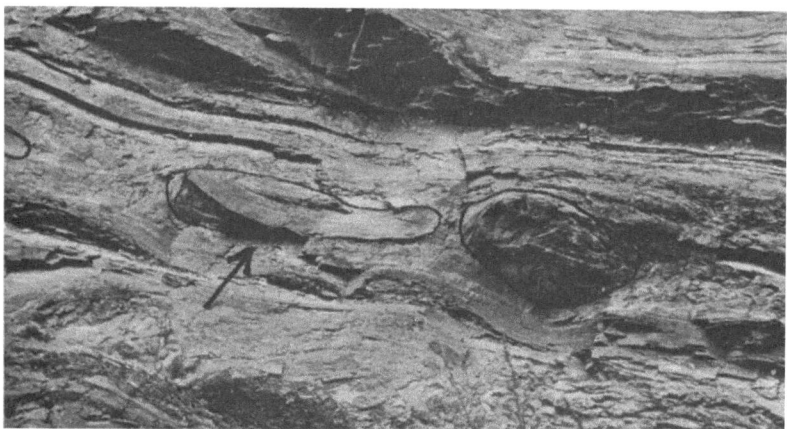

Abb. 27 Ballen- und Kissenstrukturen in den Wittener Schichten (Ober-Karbon) an der Straßenkurve südlich Heven/Ruhr

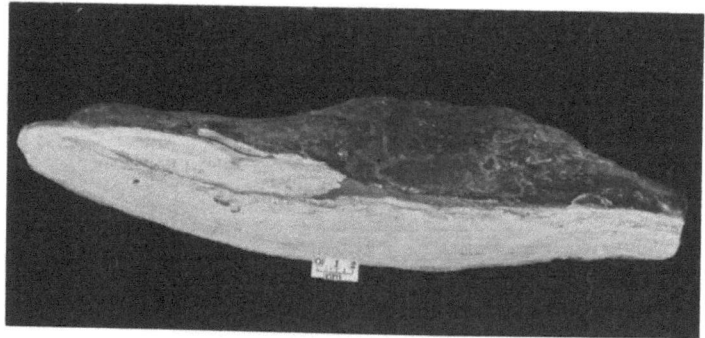

Abb. 28 Die linke herauspräparierte Kissenstruktur der Abb. 27 (Pfeil) im Schnitt

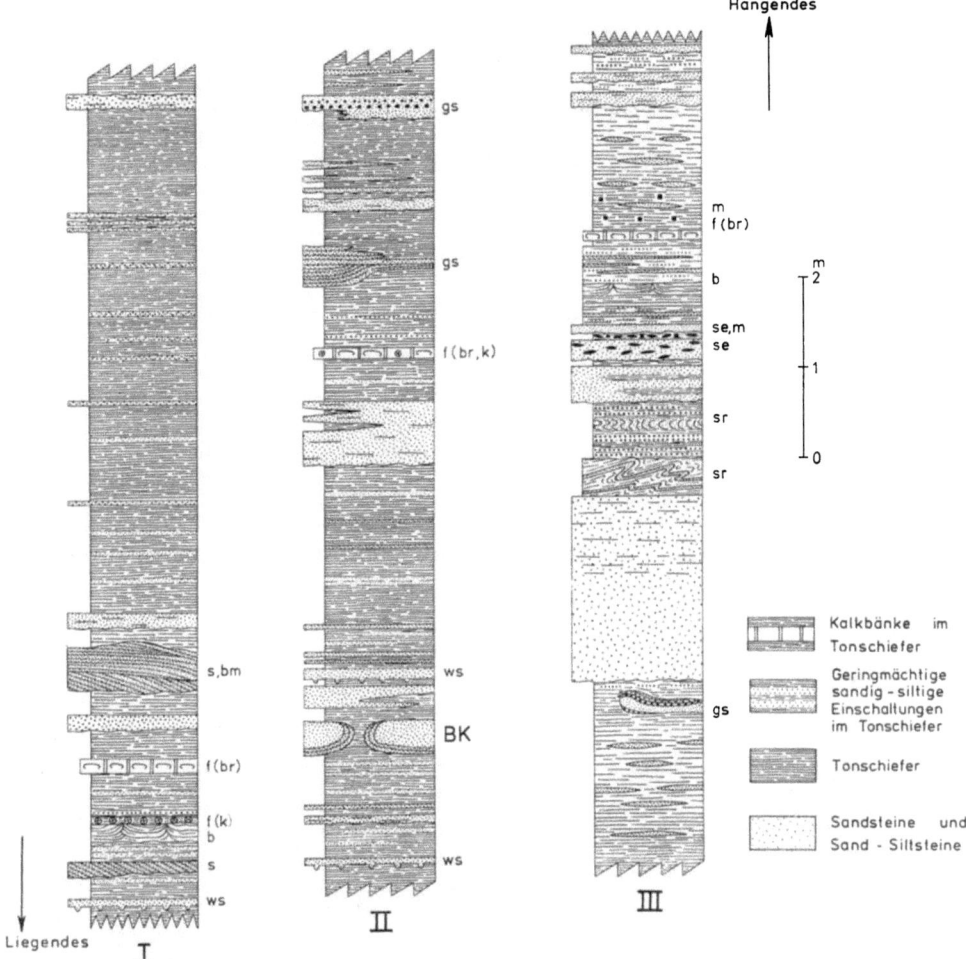

Abb. 29 Profilsäule des aufgeschlossenen Bereiches der Meadfood Beds
im Kliffbereich bei Torquay (zur Erläuterung von Lithologie und Fazies)
Die Abkürzungen bedeuten: BK = Ballen- und Kissenstrukturen, b = Bauten von Spurenfossilien (überwiegend *Chondrites*), bm = Belastungsmarken (load casts), f (br) = fossilreiche Schicht mit Brachiopodenresten, f (k) = fossilreiche Schichten mit Korallen, gs = gradierte Schichtung, m = Markasit- oder Pyritbildung, s = Schrägschichtung, se = Schiefereinschlüsse, sr = subaquatische Rutschung, ws = Grab- und Wühlgänge auf Schichtunterseiten.

Abb. 30 Horizont mit Ballen- und Kissenstrukturen in den Meadfood Beds bei Torquay

Abb. 31 Fortsetzung des Horizontes der Abb. 30 nach rechts (Osten) mit Zwillingsstruktur

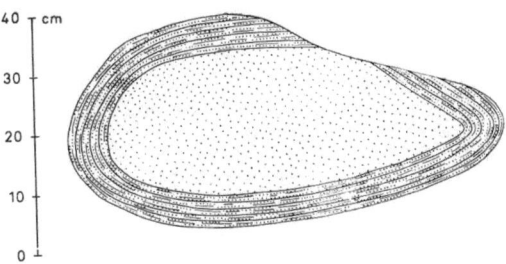

Abb. 32 Die rechte Struktur der Abb. 30 im Schnitt
Ein »Mantel« aus feingeschichtetem Siltsandstein umschließt den Kern aus nahezu ungeschichtetem Sandstein

Abb. 33a Die leicht gekippte mittlere Struktur der Abb. 30 im Ausschnitt
Die Struktur hat zusätzlich zum Absinken eine leichte Bewegung nach links ausgeführt

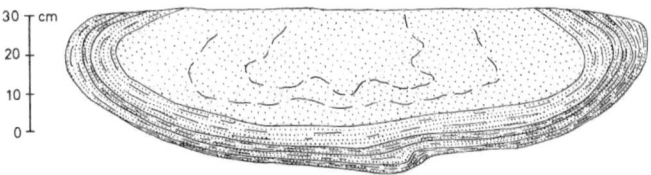

Abb. 33b Die Struktur der Abb. 33a im Schnitt

Abb. 34 Zwei Horizonte mit Ballen- und Kissenstrukturen im Muschelsandstein bei Ralingen

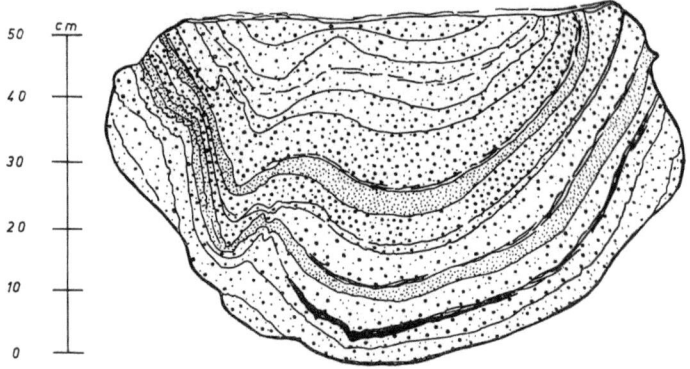

Abb. 35 Ballenstruktur aus dem oberen Horizont der Abb. 34 im Schnitt

Abb. 36 Ballenstruktur aus dem unteren Horizont der Abb. 34 im Schnitt

Abb. 37 Ballenstruktur mit Grab- und Wühlgefüge auf einer verformten Schichtunterseite aus dem oberen Horizont der Abb. 34

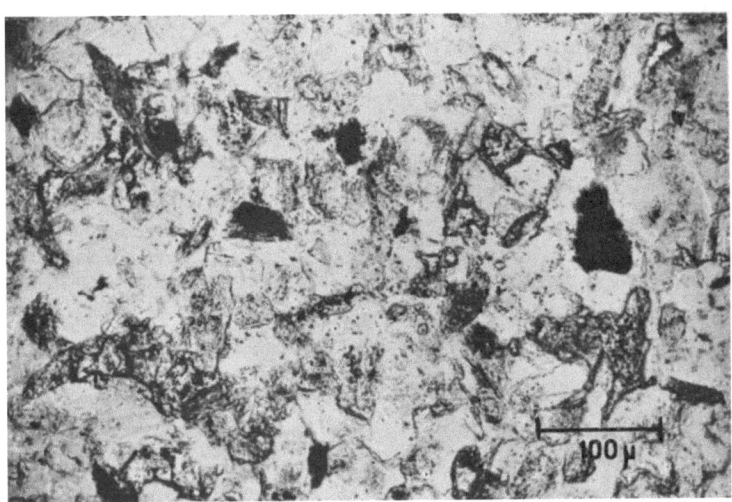

Abb. 38 Schliffbild des Sandsiltsteines einer Ballen- bzw. Kissenstruktur bei Ralingen
Die Sandkörner sind sehr eckig und daher stark miteinander verzahnt

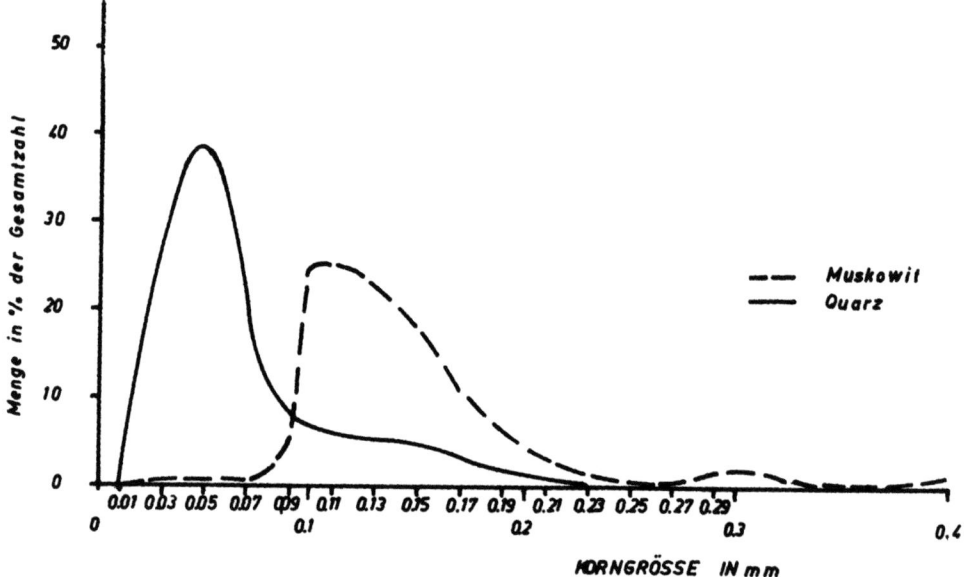

Abb. 39a Korngrößenverteilungskurven für das Sandsiltstein-Material der Ballen- und Kissenstrukturen bei Ralingen

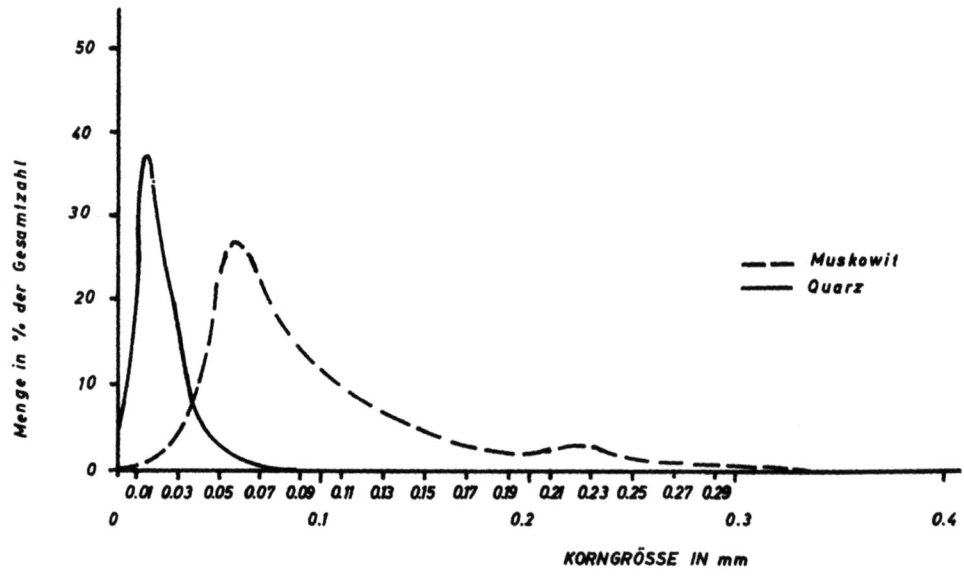

Abb. 39b Korngrößenverteilungskurven des nicht verformten feinsandigen Siltsteines bei Ralingen

Abb. 40 Blick auf die freigelegten Ballen- und Kissenstrukturen in der Stollenfirste bei Deisermühle

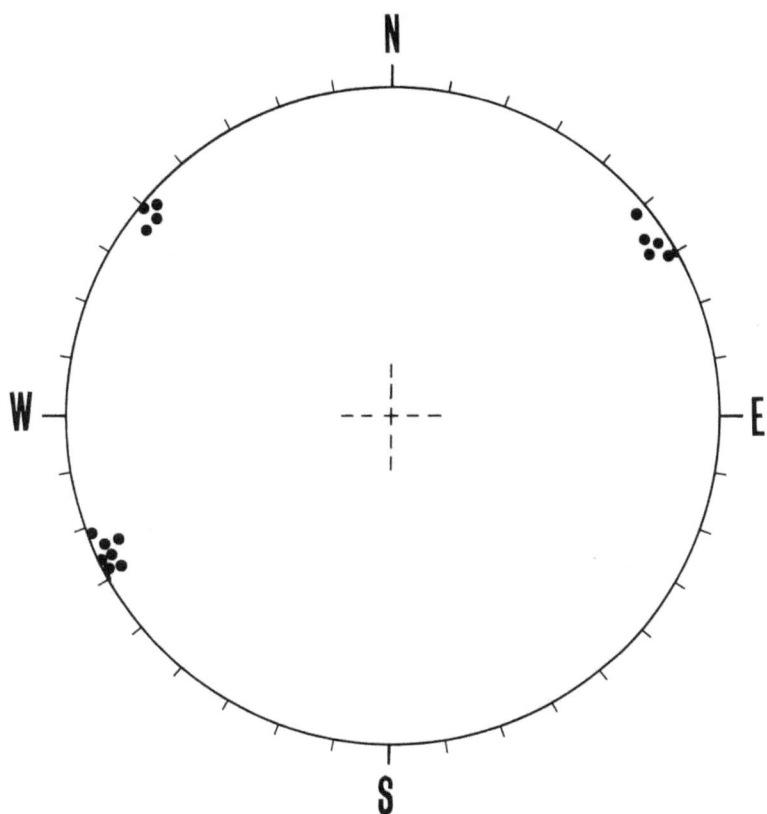

Abb. 41 Diagramm der Wulstachsen von Ballen- und Kissenstrukturen an der Deisermühle

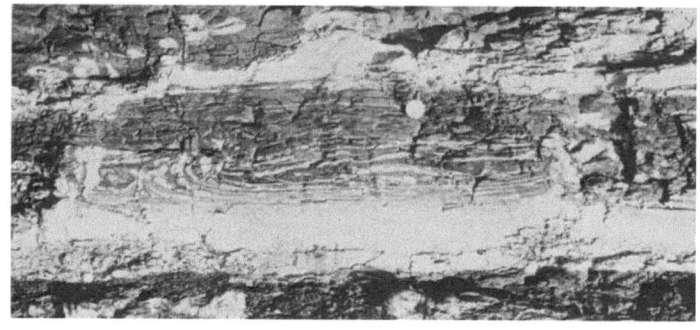

Abb. 42 Kanuartige Strukturen in der Moenkopi-Formation bei Flagstaff in Arizona (USA)

Abb. 43 Steilstehende Schichten des Fox Hills Sandstone mit Ballen- und Kissenstrukturen bei Denver (USA)

Abb. 44   Die untere Struktur der Abb. 41 im Ausschnitt

Abb. 45   Ballen- und Kissenstrukturen in der eozänen Kalksandstein-Serie am Cabo Higuer

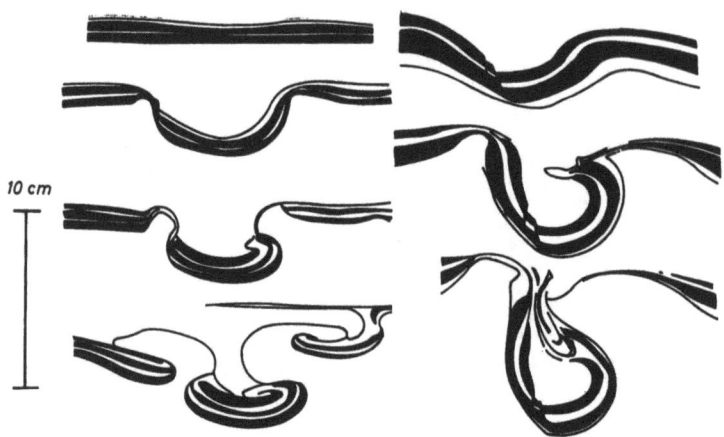

Abb. 46 Künstlich erzeugte ballen- und kissenähnliche Sedimentstrukturen (nach KUENEN [1958, Tafel I und II])

Abb. 47 Bildungsschema der Ballen- und Kissenstrukturen
Stadium 1: Über einer Schlammschicht mit hohem Wassergehalt werden Sand bzw. ein Sandsilt-Gemisch und tonige Lagen mit großer Sedimentationsrate abgelagert. Diese Wechselfolge verhindert weitgehend eine gleichmäßige Entwässerung des Schlammes. (Die schwarzen Pfeile versinnbildlichen die anhaltende Sedimentation.)
Stadium 2: Ungleiche Setzung des Schlammes führt zu unterschiedlicher Mächtigkeit der Sandschicht und damit zu ungleichmäßiger Belastung des Pelits.
Stadium 3: Zusammenbruch des Korngerüstes im Schlamm, dessen Kohäsion weitgehend verlorengeht. Auf der so dünnflüssig werdenden Unterlage »zerbricht« die Sandschicht (bei anhaltender Sedimentation) und die sich bildenden Schollen beginnen einzusinken.
Stadium 4: Der diapirartig aufsteigende Schlamm trennt die einzelnen absinkenden Schollen, die beim Sinkvorgang zu Ballen- und Kissenstrukturen verformt werden. Leichte Kippungen und seitliche Bewegungen sind möglich.
Stadium 5: Endzustand bei anhaltender Sedimentation.

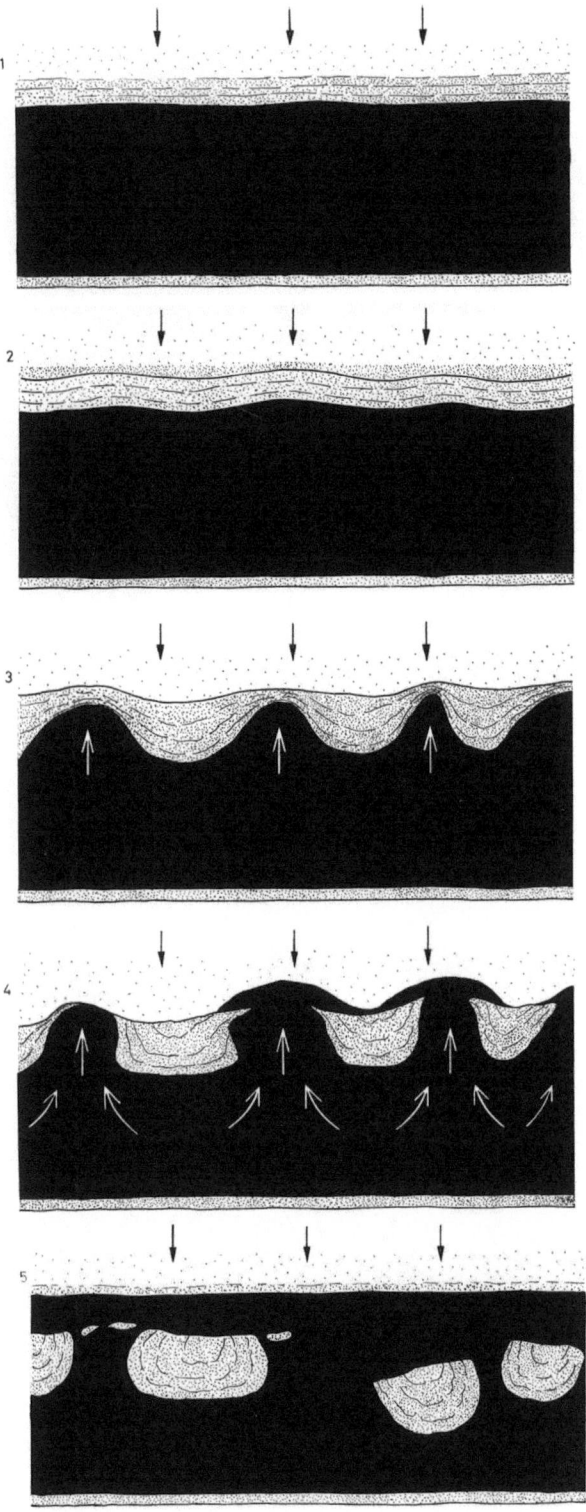

Forschungsberichte des Landes Nordrhein-Westfalen

Herausgegeben im Auftrage des Ministerpräsidenten Heinz Kühn und des Ministers für Wissenschaft und Forschung Johannes Rau von Leo Brandt

Sachgruppenverzeichnis

Acetylen · Schweißtechnik
Acetylene · Welding gracitice
Acétylène · Technique du soudage
Acetileno · Técnica de la soldadura
Ацетилен и техника сварки

Arbeitswissenschaft
Labor science
Science du travail
Trabajo científico
Вопросы трудового процесса

Bau · Steine · Erden
Constructure · Construction material ·
Soilresearch
Construction · Matériaux de construction ·
Recherche souterraine
La construcción · Materiales de construcción ·
Reconocimiento del suelo
Строительство и строительные материалы

Bergbau
Mining
Exploitation des mines
Minería
Горное дело

Biologie
Biology
Biologie
Biologia
Биология

Chemie
Chemistry
Chimie
Quimica
Химия

Druck · Farbe · Papier · Photographie
Printing · Color · Paper · Photography
Imprimerie · Couleur · Papier · Photographie
Artes gráficas · Color · Papel · Fotografía
Типография · Краски · Бумага · Фотография

Eisenverarbeitende Industrie
Metal working industry
Industrie du fer
Industria del hierro
Металлообрабатывающая промышленность

Elektrotechnik · Optik
Electrotechnology · Optics
Electrotechnique · Optique
Electrotécnica · Optica
Электротехника и оптика

Energiewirtschaft
Power economy
Energie
Energía
Энергетическое хозяйство

Fahrzeugbau · Gasmotoren
Vehicle construction · Engines
Construction de véhicules · Moteurs
Construcción de vehículos · Motores
Производство транспортных средств

Fertigung
Fabrication
Fabrication
Fabricación
Производство

Funktechnik · Astronomie
Radio engineering · Astronomy
Radiotechnique · Astronomie
Radiotécnica · Astronomía
Радиотехника и астрономия

Gaswirtschaft
Gas economy
Gaz
Gas
Газовое хозяйство

Holzbearbeitung
Wood working
Travail du bois
Trabajo de la madera
Деревообработка

Hüttenwesen · Werkstoffkunde
Metallurgy · Materials research
Métallurgie · Matériaux
Metalurgia · Materiales
Металлургия и материаловедение

Kunststoffe
Plastics
Plastiques
Plásticos
Пластмассы

Luftfahrt · Flugwissenschaft
Aeronautics · Aviation
Aéronautique · Aviation
Aeronáutica · Aviación
Авиация

Luftreinhaltung
Air-cleaning
Purification de l'air
Purificación del aire
Очищение воздуха

Maschinenbau
Machinery
Construction mécanique
Construcción de máquinas
Машиностроительство

Mathematik
Mathematics
Mathématiques
Matemáticas
Математика

Medizin · Pharmakologie
Medicine · Pharmacology
Médecine · Pharmacologie
Medicina · Farmacología
Медицина и фармакология

NE-Metalle
Non-ferrous metal
Metal non ferreux
Metal no ferroso
Цветные металлы

Physik
Physics
Physique
Física
Физика

Rationalisierung
Rationalizing
Rationalisation
Racionalización
Рационализация

Schall · Ultraschall
Sound · Ultrasonics
Son · Ultra-son
Sonido · Ultrasónico
Звук и ультразвук

Schiffahrt
Navigation
Navigation
Navegación
Судоходство

Textilforschung
Textile research
Textiles
Textil
Вопросы текстильной промышленности

Turbinen
Turbines
Turbines
Turbinas
Турбины

Verkehr
Traffic
Trafic
Tráfico
Транспорт

Wirtschaftswissenschaften
Political economy
Economie politique
Ciencias económicas
Экономические науки

Einzelverzeichnis der Sachgruppen bitte anfordern

Springer Fachmedien Wiesbaden GmbH

If you have any concerns about our products,
you can contact us on
ProductSafety@springernature.com

In case Publisher is established outside the EU,
the EU authorized representative is:
**Springer Nature Customer Service Center GmbH
Europaplatz 3, 69115 Heidelberg, Germany**

Printed by Libri Plureos GmbH
in Hamburg, Germany